PUBLIC HACK

私的に自由にまちを使う

笹尾和宏
Kazuhiro Sasao

学芸出版社

はじめに

まちが不自由になっている

日本のまちから自由さが失われています。道端の屋台はそのほとんどが取り締まられて姿を消しました。路上ライブやストリートダンスや大道芸などのパフォーマンス行為は規制の対象となり、その代わりとなる専用スペースを充てられるようになりました。公園には禁止看板が立ち並び、立ち入りを防ぐためのおせっかいな立て札やロープが張り巡らされるようになりました。少しばかり「普通」ではない行為はたちまち通報され警察の指導を受けるようになりました。

こうして、どんどん締めつけがきつくなる現代のまちに暮らしながら、私たちが居心地よく過ごすには、飲食を楽しむにせよ、娯楽に浸るにせよ、体を動かすにせよ、カフェなり、映画館なり、スポーツ施設なりに、お金を払って時間と場所とサービスを分け与えてもらわないといけなくなっています。消費者としての役割を果たさずにまち滞在することは、ますます困難になってきているのです。

公共空間はまちを楽しむ舞台

私たちが「まち」を意識し体感する時、その多くは路上や公園などのまちなかの空間＝公共空間が舞台となっています。公共空間は私たちがまちを楽しみ味わう最たる場所です。

そうした考え方が注目され、今や大都市から地方の中小都市に至るまで、「公共空間の活用」がまちづくりにおける主要な施策の一つになり、事業を伴った賑わいづくりが進められています。路上では賑わいイベントが開催され、公園にはおしゃれなレストランができ、それまで見向きもされなかった公共空間が多くの人にとって「行きたい」と思える目的地になりました。私たちは日々まちに出かけてはこれらの魅力を享受しています。

私たちは本当にまちを楽しんでいる？

そんな公共空間の活用が進むなか、ふと、「これは私たちが本当に求めていたものなのか？」と疑問を抱く時があります。よくよく考えてみると、私たちが現在享受している公共空間の魅力は、それまで施設や店舗で行われていた活動が公共空間に移っただけのことで、私たちは相変わらず商品やサービスを用意してもらう「受動的な消費者」という立場から脱していません。私たちのライフスタイルはこれまでと何も変わっていないのです。

私たちはまちを楽しんでいるように見えて、実際はまちにいいように楽しまされているだけなのかもしれません。まちは「仕掛ける側」の手にわたり、「仕掛けられている私たち」の手の届かないところへどんどん離れていってしまっているように感じるのです。

私たち自身が不自由になっている？

公共空間が私たちにとって身近で魅力ある存在であり続けるためには、前述の賑わいづくりの取り組みと並行して、私たち自身が公共空間を日常生活レベルで好きなように使う、つまり「私的に自由に使う」力を高める必要があると考えています。いつの間にか私たちは、「社会」に順応する過程のなかで、自ら禁止事項を課すことに違和感を覚えなくなり、消費に依存したライフスタイルを従順に受け入れています。それが、まちを「私的に自由に使う」ことに目を向ける機会を奪っています。

そう考えると、私たちは「まちが不自由になっている」と嘆くのではなく、「私たち自身が自ら不自由に陥っている」ことを自覚しないといけないのかもしれません。

PUBLIC HACKは私的に自由に使うことを通じて達成される

公共空間には、まちなかの希少なオープンスペースとしての価値や、事業活動の舞台としての価値がありますが、本書では、許可や免許が不要で明日からでもすぐに実施できる個人の「私的で自由な行為」が表出する場所としての価値に光を当てています。まちはそれぞれの活動が幾重にも重なって「結果的にできている」ものです。そうした活動の一つでありながら、あまりにも私たちにとって当たり前でささやかで目が向けられなかった「個人の普段の生活行為」の大切さについて紹介したいと思います。

本書のタイトルでもある「PUBLIC HACK」は、公共空間において、「個人それぞれが生活行為として自然体で自分の好きなように過ごせる状態であること」を指しています。それは、自分なりのやりたいことを自分なりのやり方を見つけて実現できている公共空間の有り様です。「PUBLIC HACK」は、公共空間が「私的に自由に使える」ようになることによって達成されます。PUBLIC HACKでは、まちを「私的に自由に使う」人がいて、周りの人々はその様子を自然に受け容れ、その場所の管理者もそれを善しとして特段制止せずにいる、という均衡が保たれます。賑わい、集客、経済効果といった価値が優先される社会にあって、影を潜めているPUBLIC HACKという価値にもきちんと目を向ける必要性を強く感じています。

本書は、私が2005年から参加している大阪の水辺の魅力づくりに取り組む市民グループ「水辺のまち再生プロジェクト」の活動と、私個人の生活行為から得られた経験・知見を中心に構成されています。

1章では、個人目線での公共空間を取り巻く課題について整理しています。2章では、公共空間を「私的に自由に使う」実践者について紹介し、3章では個人が「私的に自由に使う」ためのコツについて解説します。4章では、PUBLIC HACKが実現される公共空間のマネジメントのあり方について事例を添えて説明し、5章ではPUBLIC HACKが個人のためだけでなく、まちにとっても価値があることを示しています。

この本が、まちに不自由さを感じている方々や、賑わいづくりを通じた公共空間の活用に課題を感じている方々のヒントになればと思います。以下の点についてモヤモヤしていた思いが言語化され、新たな気づきがあれば何よりです。

・より主体的にまちでの暮らしを楽しむことができないか
・どうすればまちなかで居心地よく過ごすことができるか
・すぐに実行に移せる公共空間の使い方がないものか
・賑わいや集客によらずにまちの魅力を高められないか
・行政手続きを経ずに公共空間でイベントを行うことは可能か
・個人的な行為がまちの魅力の向上にどう寄与するのか

まちは私たちそのものです。私たちそれぞれの振る舞いが集まり、まちを構成しています。「私たちがまちを使い楽しむ姿がそのまちの魅力として表れている」と考えてみると、まちを「私的に自由に使う」ことは、個人が明日からでもできるまちづくりの一つの形だと言えます。

個人の生活行為に主眼を置き、その幅を広げることのできるPUBLIC HACKは、それだけでも意義のあることですが、そのような個人が増えることは、社会に質の高い多様性が備わることだと言えます。そう考えると、本書で取り上げているPUBLIC HACKはまちづくりとは直接関係ないように見えて、案外最短のアプローチと言えるのかもしれません。

PUBLIC HACK 目次

Chapter 1

もっと私的に自由にまちを使おう

私的で自由な行為がつくるまちの風景

魅力的な公共空間とは？

私は、視界に映る人々がそれぞれ楽しそうにいきいきと過ごしているまちのシーンに立ち会うことが好きです。

ある年の秋、東京の「三鷹の森ジブリ美術館」を訪れた帰りに、三鷹駅から来た道とは違う道を歩いて帰ろうと、美術館に隣接している井の頭恩賜公園の中を歩いて吉祥寺駅に向かうことにしました。公園に入ってすぐは緑の木々に囲まれた静かで気持ちのいい散歩道でしたが、少し歩いて、「西園」という小中学校のグラウンドぐらいの大きさの広場に出た時、それまでの公園の様相からは予想もしていなかった、賑やかでいきいきとした風景を目の当たりにして衝撃を受けました。

芝生が敷かれた広場にはたくさんの人がいましたが、彼らは見事にバラバラのことを公園でしていました。散歩を楽しんでいる観光客、ピクニックをしている家族、寝そべってじゃれているカップル、柔らかいボールで遊んでいる親子、キャッチボールをしている少年たち、凧を上げている中年男性グループ、円陣でバレーボールをしている男女グループ…。いろいろな行為が無数に行われていたのです。その行為をするのに十分な広さがあるわけではないし、むしろ少し混みあってさえいましたが、皆がのびのびと好きなことをしていました。

私はこのような「私的で自由な行為」が共存している、大らかで有機的なまちの風景を見て、鳥肌が立ちました。たとえば、ボール遊びをしているグループの1人がコントロールを失った時には周りの人にボールを拾ってもらうなど、一つのグループが何かの拍子で別のグループの領域を侵食してしまいそうな状況でさえも、他人の行為を煩わしく思わずに、お互いに工夫しながら使いあっていました。

今のまちに欠けているのは、利用者同士の工夫と調整の上に成り立っている、こういう風景なんだろうと、西園を眺めながら思いました。

井の頭恩賜公園の西園

こうした「好きなことをしていても他人からとやかく言われない」という認識が利用者に共有されている公共空間が、日本のまちの一部に見られます。

たとえば京都市内を流れる鴨川の出町柳〜四条間の河川敷一帯もその象徴的な場所です。盆踊りをしているグループや子どもとボール遊びをしている親子、アカペラサークル、ジョギング、サイクリング、飲み会、男女グループのじゃれあい、ギターの練習など、そこで繰り広げられている行為はその時々で無限大。河川敷でのバーベキューは禁止だと指導されるや、「川の中なら河川敷ではない」と、川の浅瀬にテーブルを差し込んでバーベキューをやりだす猛者もいるくらいです。近くに大学がたくさんあり、

鴨川の河川敷

学生が多いことも関係しているのかもしれません。お金がなかったり、ちょうどいい場所が見つからなかったりしたら、「とりあえず鴨川」で実行する文化が定着しているのではないでしょうか。

大阪城公園の南に広がる難波宮跡（なにわのみやあと）公園も「私的に自由に使う」ことができるポテンシャルのある場所です。犬の散歩、ピクニック、親子のボール遊び、昆虫採集などはよく見られる光景です。芝生エリアではラグビーやサッカーの練習をするグループがいますし、気候のいい季節には手作りのウェディングパーティをする人たちがいます。道路から奥まったエリアではドラムセットを持ち込んで練習する少年がいたり、DJイベントやライブ、青空カラオケを楽しむ集団もいます。夜になるとスクリーンを張ってDVD観賞会をする若者たちもいます。

彼らは公園の周辺に対してはもちろん、公園内の他の利用者の迷惑にならない場所を上手に選んで陣取っています。言い争いやクレームが起きないように、みんなで使いあっている、大阪市内で数少ない貴重な場所です。

難波宮跡公園

「受け容れる」ことによって生まれるまちの風景

私たちがまちを私的に自由に使っている時、私たちは誰かからそうやって過ごすことを許可してもらっているのでしょうか？

たとえば、テーマパークや商業施設では「お客様にどう喜んでもらうか」に関するマニュアルやルールが施設側で用意されていて、そこで起こりうる出来事は予め正確に予測されて対応措置が定められています。つまり、「客に対して何をするか」だけでなく、「客が何をするか」という行為までが想定されていて、その行為が問題なければそれを許可する、という体制がとられています。問題がある行為や想定を逸脱する行為に対しては「許可の対象外」という取り扱いになるため、施設スタッフや警備員等によって厳格に制限されることになります。

私たちはそれらの施設を自ら楽しんで利用しているように思っていますが、実は施設側のお膳立てにうまく乗せられることによって満足を得ているのです。

このことは、『空間管理社会』（阿部潔・成実弘至編、新曜社）

でも、著者の実感を伴うかたちで次のように指摘されています。

「ショッピングモールのカフェテラスという『快適な空間』を演出するいくつもの『仕掛け』が気になり始めると、私は楽しさを無邪気に享受できなくなってしまう。〜中略〜開放感を感じさせるオープンスペースは、同時に防犯カメラのまなざしが張りめぐらされた監視スペースでもある。家族や友達と語らいながら食事をする私たちの姿を一望のもとに見つめる監視カメラは、そもそも何のために設置されているのだろうか。もしかすると私たちは、徹底的に見張られている状況のなかで、見せかけの豊かさや快適さを楽しんでいるのではないだろうか。」

これに対して、まちの公共空間はそうはなっていません。行政は、私たちを楽しませようとしていませんし、私たちを常に監視してはいません。

実際に、当初は想定されていなかったであろう行為がまちのそこかしこで起こっています。たとえば、私たちは階段に腰を下ろして休憩していたり、歩道の端っこにプランターや苗を置いて世

手摺りが物干し代わりに使われている

話をしていたり、暑い日に自宅の前に水を撒いたり、歩道の手摺りを物干し代わりに使ったりしています。

それらはその場所であらかじめ許可されていなかった行為です。でも、他の人々の迷惑になっていない限り、撤去・撤収されずにそのまま続いています。

日常生活の中で見かけた他人の何気ない行為を、お互いに「まぁ、いいか」と咎めずにそのままにしておくことによって、まちにいくつもの私的で自由な行為が共存する風景が生まれます。その風景は誰からから「許可」されたから存在するのではなく、周りから「受け容れられた」結果なのです。

「受け容れられている」という状況が顕著にわかるケースが、祭りでの「無人の場所取り」です。通常、一個人が公共空間での「無人の場所取り」を行政に許可してもらうことはできませんが、祭りや花見のような地域に根づいた行事の時には、住民同士の暗黙の了解事項になっています。私の地元では、当日の早朝から神輿が通る最前列のスペースをチョークやガムテープ、シートで区

祭りで行われる、無人の場所取り

切って自分たちの見物席の場所取りをしていますが、他の人々は事を荒立てずに、先客に区切られたスペースを避けて自分たちのスペースを確保し始めるのです。

もし、管理者が予め許可した行為しかできない状況だったら、私たちは管理者から事前に区画された見物席を抽選で購入して、公平に決められた席に大人しく座って祭りを楽しむことになるでしょう。そうではなく、市民同士がお互いに自分たちが気持ちよく過ごせるコンディションを確保して祭りを楽しむ状況を、市民自らがつくりだしているのです。

窮屈でシステム化された都市生活

「禁止」による公共空間の自由度の減退

遠い昔から公共空間は、市民が私的に自由に使ってきました。ところが、現在では公共空間ではさまざまな行為が禁止されるようになり、禁止行為が列挙された看板や張り紙が立てられています。多くの公園では「バーベキュー（火気の使用）」「ボール遊び」ができなくなり、「大きな声を出すこと」が禁止されている公園さえあります。

火気の使用を禁止する立て札

大阪城公園では「楽器の演奏」や「スピーカーの利用」が禁じられています。公園で音楽を演奏したり、BGMを流しながらピクニックをしたりすることは大音量でない限り公園らしい過ごし方です。それなのに、約100haの広大な大阪城公園であっても、「近隣住民の大迷惑」となるため、楽器の演奏が認められません。「苦情が頻発したため」というのが公園管理者の見解ですが、苦情が出るほどの音量かどうかは程度によるはずです。それなのに、楽器の演奏やスピーカーの利用行為そのものが禁止されてしまっています。同様に、大阪市内の別の公園では「ダンス」が禁止されていますし、さらに別の公園では「漫才の練習」が禁止されています。

楽器演奏を禁止する立て札

まちには、私有地であっても行政に指定された公共性の高いスペースがあります。大阪市のとある高層マンションのアプローチ空間は行政によって「公開空地」に定められていて、「歩行者などが日常自由に通行または利用できる」と位置づけられているのですが、禁止行為が利用ルールとして標識に表示されています。

大阪市の繁華街の一角に、「地区計画」というまちづくりの制度によって整備された広場があります。そこでは次のような書き出しで禁止事項が定められています。「有効空地内では、日常の通行とは認められない次の行為を禁止します」。ここは広場であるにもかかわらず、通行以外の行為が明確に禁止されているのです。そして、繁華街にあるにもかかわらず、飲食行為が禁止されています。これではこのまちに遊びに来た人が飲食しながら休憩したり、近隣のオフィスワーカーが昼休みに弁当を食べたりすることも

マンションの公開空地の禁止事項

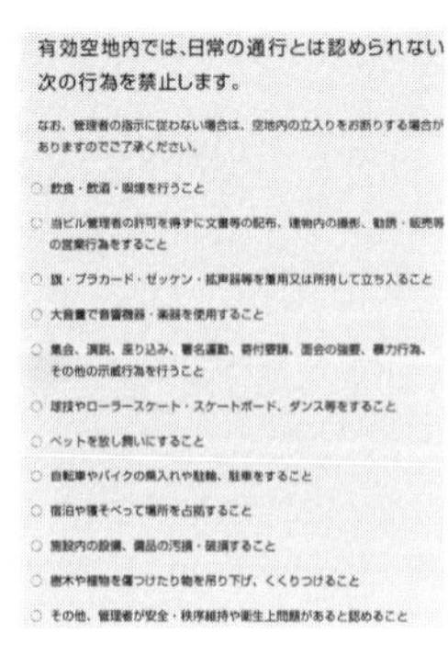

繁華街の広場の禁止事項

できません。

公共空間や私有地に掲げられているこれらのルールは、法律や条例などで規定されているものだけではありません。そのスペースの管理者が独自に設定したものも含まれています。それらは、管理コスト増や責任問題につながるかもしれない行為をあらかじめ抑制する目的で定められていますが、その背景には、私たち市民の声が相当に影響しています。実際に何も問題が起こっていなくても、「あんな行為を野放しにしていいのか」「何か起こったらどうするのか」と、お節介な市民は、その行為者に直接声をかけずに、通報という形で管理者に進言してしまうからです。

不特定多数の人々がいろいろな目的で集まる場所では、何が起こるかまで細かく想定して対応を決めることは現実的にできません。決めることができるのはせいぜい「一般的」な禁止行為であって、それ以外は状況に応じて「受け容れられていた」行為です。それなのに、その行為を「受け容れられない」人の声が大きくなってしまい、具体的な禁止事項がその都度追加されていく状況になっているのです。

都市における街路と歩行者の重要性に着目した都市研究者ウィリアムス・H・ホワイトは著書『都市という劇場』（日本経済新聞社）の中で、活気あるニューヨークのまちの様子を次のように描写しています。

「一番多いのは常連ではない人たちである。ビラ配り、屋台の食べ物屋、物売り、メッセンジャー、大道芸人、手相見、宗教の勧誘、血圧を測定する人など。『ミスター・マグー』のような、街の名物男やショッピングバッグ・レディたちもいる。街なかにも役者が豊富である。乞食、怪しげな寄付をねだる連中、トランプ三枚を使うバクチ打ちとそのサクラ、夜の女とそのヒモ、オカマとサギ師、麻薬の売人、最悪なのが白いスニーカーをはいた抱きつき強盗である。善人にしても、悪人にしても、通りにあふれる人々は驚くほど多種多様である。」

まちで起こる迷惑行為や犯罪行為は正されるべき行為でしょう。でも、ルールを定めてすべてを禁止して「無菌状態」にしてしまうと、まちでは何も起こらず、まちから何も生まれなくなります。そんな無味乾燥なまちに暮らしたくなるでしょうか。

システム化されたライフスタイル

すぐに施設や店を利用する

私たちは忙しく生きることを余儀なくされています。勤労であることが賞賛され、余暇を満喫することは軽んじられてきました。加えて、失敗することが許されず、ひたすら成功を追求する価値観が支配する社会で生きています。そういう社会で生きていると、ものになるかわからないけれどゼロからつくりあげる「満足」より、すでに完成されて結果が保証された「満足」を知らず知らずのうちに選んでしまいます。

こうして私たちは、手近な快楽に抗えなくなります。手近な快楽は、それと引き換えに、私たちから「自分で探し求める力」を奪い、「そう行動すべき」と仕組まれている状況に違和感を持たなくさせます。

それは、現代の消費・購買行動に慣れきってしまったライフスタイルに如実に表れています。日頃、私たちは施設や店で事を済ませすぎています。習い事をしたければ教室に通うし、打ちあわせは会議室で行う。映画を見たければ映画館に、芝居を見たければ劇場に足を運ぶ。歌を歌いたいならカラオケボックスに行き、酒を飲みたいなら居酒屋やバーの扉を開け、体を動かしたければジムやスタジオに通う。

私たちは、機能に特化された専用施設を利用することに対して特段の意識を払わず当然のようにお金を支払って商品やサービスを得ています。

確かに設備が整った施設を使うメリットは大きいものがあります。スタジオに行けば、室内には大きな姿見や音響機材、身体への負担を抑える床材が、その他更衣室やシャワー室が用意されていて、快適に体を動かすことができます。

でも、私たちは、スタジオに行かないと体を動かすことができないのでしょうか？

以前、宮崎市の公園で、黙々と激しい動きを繰り返している男性を見かけました。近づいてみると、大型の彫刻を上手に使い、ダンスかアクション、はたまたパルクールの練習をしているようでした。緑の多い気持ちいい場所で、人にも見られる環境を選んだ上で、納得いくまで打ち込んでいる姿に、「こういう使い方がで

公園で黙々と体を動かす「外の使い方」

きるのか」と膝を打ちました。

「外でする」ということは、「倹約する」という消極的な理由だけにとどまらず、「気軽にできる」「自然を感じられる」「誰かに見てもらえる」といったポジティブな選択肢にもなりえます。

生活行為をすべて部屋の中で済ませてしまう

私たちは、日々の暮らしのたいていのことは家の中で済ませられます。何も予定がなければ一歩も外へ出ずに1日が終わってしまうことも珍しいことではありません。私たちは移動行為は必要に迫られて行うものだと思っているからです。

でも、私たちが家の中で済ませている行為は、家の中でしかできないものでしょうか？

スマートフォンを操作することや読書すること、淹れ立てのお茶やコーヒーを飲むことなどは、外でやった方が気持ちいい場合もあるはずです。

テーブルとPCを持ち出して外をワーキングスペースに見立てる

外で過ごすのも選択肢の一つ

遠出しないと自然に触れられないと考えてしまう

私たちが普段、自然の中でリフレッシュしたいと思ったら、つい遠出をして山や森や海に行くことを考えがちです。しかし、毎回1日がかりで遠出をするのは大変です。

まちなかにだって自然は残っています。ビルに囲まれた芝生広

まちなかのそこそこの自然を、そこそこの手間・準備で楽しむ

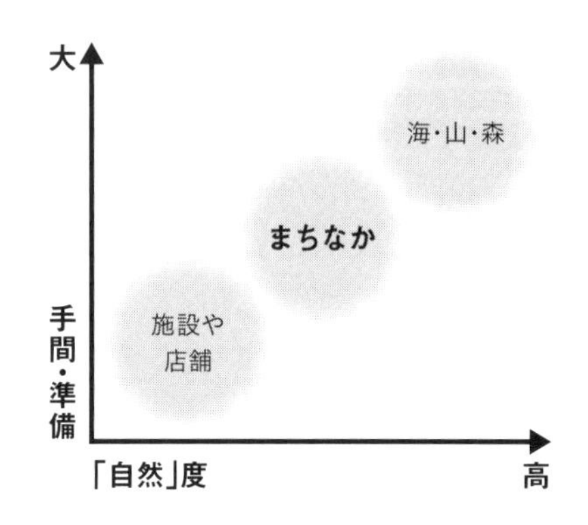

場や湾岸エリアでピクニックやバーベキューを楽しむなど、まちにいながらにしてアウトドアを楽しめる機会は潜んでいるはずです。

公共空間の活用には社会的意義が必須？

市民には依然ハードルの高い公共空間活用

2000年を過ぎる頃までは、道路をはじめとした公共空間を使った取り組みが主催できるのは、行政に限られていました。それも自由にできるわけではなく、イベントの主催部門と公共空間の所轄部門が協議し、さまざまな条件が満たされた上でようやく実現できるような状況でした。

その後、公共空間の活用を通じて地域活性化を図ろうとする機運が高まり、民間事業者の事業ノウハウを公共事業にもうまく取り入れていく考え方が社会に浸透してきたことを受け、「行政だけが公共空間を活用できる」という制度が見直されることとなりました。

その結果、現在では民間事業者であっても公共空間を使った取り組みを主催できるようになり、オープンカフェやライブパフォーマンス、マルシェなどさまざまなかたちで公共空間が活用され、まちに賑わいをもたらすようになりました。

こうした形で民間事業者が公共空間を活用する上では、留意すべき点が二つあります。

一つは、公共空間が本来とは違う機能を果たすことに対して「不公平だ」という声が生じないように配慮することです。路上でオープンカフェが営業される場合は、その営業スペースでは通行機能が果たせなくなりますし、公園でライブパフォーマンスが開催される場合は、イベント会場のエリア内では散歩や遊びができ

市民の生活行為は行政の政策の対象になりにくい

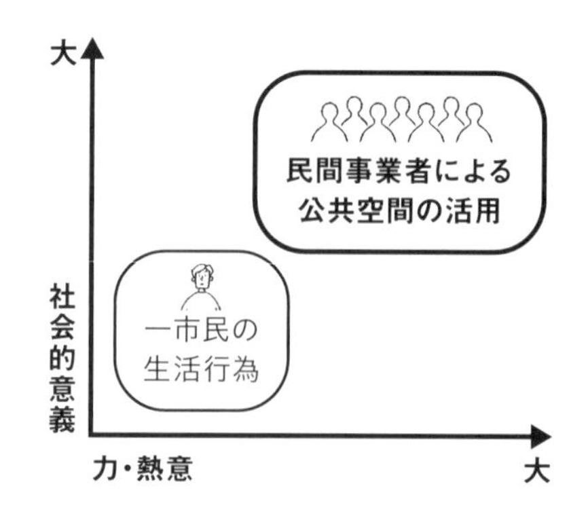

なくなります。そこで、その取り組みが、単なる主催者の営利目的の行為ではないことと、公共空間が一定の利用者層のために使われるだけの正当性があることの説明が求められます。つまり、公共空間の活用が不公平を生んでおらず、地域活性化といった社会全体の利益になっていることを示す必要があります。

もう一つは、数カ月前から準備をし行政手続きを行う必要があることです。多くの場合、活用するスペースは行政から正式に許可を受ける必要があります。

このように、一般的な制度に則って公共空間を使おうとすると、結構ハードルは高くなります。国をあげて全国的に推進されている「公共空間の活用」とは、こうしたハードルをクリアできる「力と熱意のある」民間事業者の参画を通じた「社会的意義の高い」取り組みに偏ってしまいます。

そうなると、そこまでの力と熱意を持ちあわせていない市民は、どう公共空間の活用に関わることができるのでしょうか。公共空間を日常の生活行為の延長でささやかに使いたいと思っても、地域活性化等の社会的意義のある取り組みではないため、行政の公共空間活用政策の対象になりません。その結果、多くの市民は、前述の力と熱意のある民間事業者が実施する公共空間の活用によるサービスの受け手にとどまらざるをえなくなります。

供給型のメニューに依存した公共空間活用の限界

現在、東京をはじめとする大都市のターミナル駅周辺から地方都市の中心市街地まで、さまざまな形で民間事業者による公共空間の活用が進められています。これらの多くは、集客を前提とし、賑わいを生んで経済を活性化することが成果とされています。

人を引きつけるには、訪れる人に響くコンテンツを用意しなくてはなりませんが、実際には、常設の店舗営業やイベントの実施、新たに整備された商業施設の運営など、これまで私有地で展開されていた取り組みが公共空間にシフトしただけのように思えるものも少なくありません。公共空間を活用する上で、そのメニューがどこも似たものになると、訪れる人にはマンネリ化していると映ります。公共空間の活用が全国的なスタンダードになってきている今、「何を与えるか」という供給型のメニューだけに依存した差別化によって集客を目論むのは、そろそろ限界にきているのかもしれません。

目的がなくてもいられるまちへ

ゆっくり腰かける場所もない、忙しないまち

経済集積地である日本の都市は、お金を使わない人や企業活動から距離を置く人に対してずいぶんと冷たい態度を示してきました。その結果、目的を持たずにまちにいるだけの人が減り、そう

駅前のベンチに腰を下ろして、何をするわけでもなく人間観察をしている人

した人を受け入れる場所もなくなりました。まちなかに自分の場所だと思える居心地のよさを感じることは簡単ではなくなっています。

私たちが友達や家族、恋人とまちに出る時は、施設や店で何かのサービスや商品を購入する場合がほとんどです。映画を見る、レストランでランチをする、雑貨屋で買い物をする…。そこに「大通りのベンチに腰を下ろして休憩する」という目的はまず組み込まれていません。

ポータブル休憩椅子！

以前、東京・南青山の根津美術館から渋谷までまちを見ながら30分ほどかけて歩いたことがあります。その道中で座り心地のいいベンチに一つも出会えなかったのです。東京のまちから、「お前のようなタダで休もうとするヤツはこのまちには不釣り合いだ 。休まずにただひたすら歩き続け

ろ」と無言で言われているようで悲しくなりました。実際、日本のまちなかで、気軽に腰を下ろしてゆっくりできる、サマになる場所はほとんどありません。

用がないならまちへ出よう

私たちにとって生活の軸足は、寝起きをして自炊する自宅にあります。その前提に立つと、まちは用事がある時だけ向かう目的地。私たちは目的を果たしてしまうと、まちでする事がなくなって、まちにいる理由を失ってしまうのです。

イタリアには日が落ちてくると夕飯前に人々がまちなかのそぞろ歩きを楽しむ「パッセジャータ」という市民文化があります。彼らは特段の目的地もなく家族や友人と誘いあってまちなかへ出てきて、およそ決まった道を行き交います。その道中で友人知人にあって言葉を交わしたり、合流したりして過ごすのです（陣内秀信『イタリアの街角から』弦書房）。

用もなくいろんな人々がまちに出てきて思い思いに過ごしてい

天気の良い日にまちなかにたむろするおじさんたち

るまちはそれだけで楽しいと思いませんか。それには、「用が済んだから、家に帰ろう」ではなく、「用がないから、まちへ出よう」という思考の転換が必要です。まちへ出るのに理由はいりません。

まちを使うのに大義名分はいらない

今、日本中で公共空間の活用が推進されていますが、その背景には地域活性化を果たすという大義名分があります。確かに、公共空間はまちづくり活動の新たなフィールドとなるポテンシャルを秘めています。ただ、公共空間の活用さえしていれば地域活性化ができるわけではありません。地域活性化は移住促進や産業振興、観光推進などを見据えたさまざまな施策によってこそ実現されるものです。公共空間の活用はそれらの一つの手段であり施策の受け皿です。

海外に行った時、そのまちの魅力として記憶に残るのは、現地の人々に染み込んだ生活文化です。そこでしか経験できないローカルアクティビティです。そうしたローカルアクティビティは、私たち市民が私的に自由にまちを使う行為そのものです。まちを使うのに大義名分はいりません。

勝手に使うことは悪くない

まちを私的に自由に使うというと、「そんな勝手なことをして」と咎められることがあります。それに対して「勝手に使って何が悪いんですか？」と聞き返すと、「勝手に使うと他の人が使えなくなる」と叱られます。

これはすごく重要な指摘です。勝手に使うことは他の人が使えなくなるからダメなのであって、他の人に使う余地が残されているのであれば勝手に使っても文句を言われる筋合いはないという理屈が導かれているのです。

公共空間の活用を進める時に行政から受ける許可の多くは「占用許可」と言います。占用とは、「その場所を独占排他的に使うこと」を意味します。これはまさに「他の人が使えなくなる使い方」なわけです。だからこそ、占用行為に対して行政が正式に許可を出すことによって、それを一時的に認めて正当化しているわけです。繰り返しますが、他の人が勝手に使うのを妨げない限りにおいて、勝手に使うことは問題ありません。

ルール化が抱えるワナ

世の中にはたくさんのルールがあります。国と国とのルールである条約や協定、国内の憲法や法律、条例なんかはその最たるものと言えますし、公共的なルール以外にも、企業や個人が交わす取り決め・契約もルールです。

ルールはその時々で判断が狂わないよう、どう解決すればいいかが定められた「関係者共通の決めごと」と言えます。ルールができる以前の解決手段だった「当事者同士のやりとり」を省略するツールです。その判断の良し悪しがいつ何時も変わらないならルール化は有効な手段です。

ところが、公共空間の行為に対する良し悪しの判断は状況によって異なります。公園で子どもたちが大きな声を出して遊んでいるのを疎ましく思う住民もいますし、ほほえましいと思う住民もいます。そして住民は絶えず入れ替わります。そんな時、当事者同士でやりとりをするという柔軟な対応ができれば、お互いの望みを叶える最適解を導ける可能性があります。音量を調整したり、時間帯や曜日を選ぶ工夫をしたり、住民と話しあったりすることで、お互いの妥協点を見つけることができます。

ところが、ルール化をしてしまうと、当事者同士でやりとりする余地が消えてしまい、より優れた答えを導く可能性を放棄することになるのです。「ケースバイケース」という考え方を放棄することは、合理化・効率化をもたらすと同時に、判断をルールに丸投げする思考停止を進めることになります。

ルール化すると、その文言は引き継がれていきますが、ルール化した時の意図は時が経つと忘れ去られていきます。ある状況を解決するための手段としてつくったルールは、いつの間にかそれ自体を守ることが大切であるかのように目的化されます。公園で大きな声を上げても誰も迷惑に感じていなかったとしても、大声を上げることがいったん禁止されたらそのルールは守らなくてはなりません。ルールが目的化されてしまうと、時代の変化や新しい価値観に合わせてアップデートできなくなり、時代遅れのルールが硬直化することになります。

公共空間の活用を進める際には「ガイドライン」や「制度」の必要性が説かれます。本質的には、より使いやすく、より広く使われるためのものですが、同時にある側面では、ルール化の可能性もはらんでいるため、不用意に制約になっていないか、その内容は慎重に検討される必要があります。

ルールにはそのテーマに関して考えられる限りの問題が挙げられて、その対応方法が集約されています。そのため、ルールをつくるのも理解するのも高度な技術が求められますが、ルール化が常に優れているわけではありません。ルール化は有効な手段ですが、初めに踏むべき最良の手段であるとは限りません。むしろ最終手段ではないでしょうか。冒頭で紹介した私的で自由な行為が共存するためには、私たちは安易にルールを求めるのではなく、当事者間でやりとりしてお互いの納得が得られるよう心掛けるべきではないでしょうか。

Chapter 2

PUBLIC HACKを体現する実践者たち

まちのスキマはどこにあるか？

いつの時代も、公共空間は私的に自由に使われてきました。鳴海邦碩は著書『都市の自由空間』（学芸出版社）で、江戸時代の人々の公共空間でのふるまい、行為の多様さに関して、そうした行為を規制する幕府の「触れ」「高札」からあぶりだしています。

同書によると、振り売りや露天商など街路の利用に関するものに対しては、当初は何も規制されていなかったもののそれぞれが問題として顕在化する都度個別に公布され、1603年〜1865年までの間で103件公布されました。通行や乗り物に関して公布された51件、整備・維持管理に関して公布された89件を上回っています。実際に交付された規制項目だけで103件ですから、実際にはもっとたくさんの使われ方があったことが推察されます。

しかし、現代のまちは、こうした人々の多様な行為を行えるスペースは姿を消しつつあります。建物が取り壊されたと思ったら、数カ月後には新しい建物が完成しています。長い間何も建っていない場所は駐車場としてしっかり稼がされています。空いた敷地をそのまま遊ばせておくことは許されない世の中になりました。

とはいえ、まちなかの空間がどこもかしこも隅から隅まで稼働しているわけではありません。道路予定地のままの空き地、アクセスしにくい公園、橋のバルコニー、路上駐車対策で設置されたガードレールの内側、植栽の切れ目……。

空間の解像度を高めていくと、普段はただ通り過ぎるだけだったり、足を運んでみたことさえなかったスキマのようなスペースがたくさん見つかります。稼働しているスペースであっても24時間365日フル稼働しているわけではありません。特定の時間帯や時期を除けば意外と使われていないものです。

たとえば、「都市計画道路予定地」というのは、幅の広い道路を

1・都市計画道路予定地　2・アクセスしにくい公園　3・橋のバルコニー　4・路上駐車対策に設置されたガードレールの内側　5・植栽の切れ目　6・ほとんど人がいなくなる大阪城公園の夜間　7・交差点の緩衝スペース　8・河岸の犬走り　9・通路でも敷地でもない三角地　10・露店が想定されたスペース

整備するために行政が私有地をまとまって買収するため、買収が完了するまで暫定的に空き地になっています。

些細な理由で、人が立ち寄らないスペースもたくさんあります。遠回りになってしまうルート、段差や傾斜になっているルートなどは足が向かないため、人通りがなくスキマになります。

人が寄りつかない、見放されてしまっている場所に限って、いざそこに身を置いてみると想像していなかったポジティブな体験ができることがあります。普段、「通り過ぎる」という行為でしかその空間を見ていない私たちにとって、そこが「スキマ」だったと認識していないことの方が多いのです。

大阪市内の河川では、ここ数年の間に釣りを楽しむ人の姿をよく見かけるようになりました。コイやボラが釣れるのはもちろん、食用にウナギを釣る人もいます。釣りが好きな人がそのフィールドをまちの河川に見出したのです。

翻って私たちは外でどんなことができるでしょう。たとえば、会社のデスクから離れて外でお気に入りのベンチを見つけて昼ご

まちなかの川で釣りを楽しむ

はんを食べたり、飲み会の二次会をそのまま外でやるのも楽しそうです。編み物や木工、読書や学校の宿題、パソコン作業など、普段家の中でしている大抵のことはそのまま外へ持ち出してもできます。難しいことは何もありません。私たちが自由に使えるフィールドは、まだまだまちに眠っています。

すでに生活の延長で公共空間を私的に自由に使っている先駆的実践者がいます。彼らは、地域活性化や事業のためではなく、奇をてらいたいわけでもなく、「ただ自分たちがそうしたいから」まちを私的に自由に使い続けています。ここでは、公共空間を身近に楽しむ18のケーススタディを8テーマ別に紹介します。

アーバン・アウトドアを堪能する	1 すぐそばの自然を楽しむ	CASE1 夕日納め CASE2 水辺ランチ
	2 とっておきのベストロケーションを満喫する	CASE3 水辺ダイナー CASE4 チェアリング
	3 見知らぬ他人と時間を共有する	CASE5 Re:Bar CASE6 流しのこたつ CASE7 くにたち0円ショップ
	4 まちのスキマを賢く使う	CASE8 クランピング CASE9 URBAN SPACE DISCO CASE10 ストリートダンス
常識から解き放たれる	5 外でやってみると意外と気持ちいい	CASE11 外朝ごはん CASE12 夜明かし
	6 アウトドア・アクティビティをまちに持ち込む	CASE13 大阪ラブボート CASE14 ご近所野宿
	7 お金をかけずに自前で遊ぶ	CASE15 芝生シアター CASE16 ピクニック演奏会 CASE17 青空カラオケ
まちの新たな使い方を呼び覚ます	8 都市空間を体で攻略する	CASE18 スケートボーディング

アーバン・アウトドアを堪能する

1　すぐそばの自然を体感する

まちなかでこそ得られる自然の魅力があります。青空に伸びるビル群、巨大なクレーンや積み上げられたコンテナに映える水平線、水辺のプロムナードを行き交う人々…。こうした都市的自然景観は、アーバン・アウトドアの魅力を教えてくれます。

朝日を見る、夕日を見る、風を感じる、空を仰ぐ、探検する、昆虫を採集する…。芦沢一洋の著書『アーバン・アウトドア・ライフ』（中央公論新社）には、都会に暮らしながら自然とふれあう実践例とアイデアが詰まっています。人工物に覆われたまちなかであっても、自然に触れられるアウトドア・ライフのチャンスは十分にあるのです。

CASE 1

夕日納め

// DETAIL

実践者	筆者
行為	日の入りを眺める
道具	特になし
人数	1人〜
場所	どこでも
事前準備	なし
頻度	いつでも
所要時間	15分〜

日の出と日の入りの時間、あなたはどこで何をしていますか?

気がついたら外が暗くなっていた、そんな毎日を送っていませんか?

太陽が昇る瞬間と沈む瞬間に大空をガラッと変えてしまうダイナミズムは、他に代えがたい情景をつくりだします。帰宅途中にたまたま目にした夕日に心を奪われた経験は誰でもあるでしょう。それを積極的に体験してみてはどうでしょうか。ほんの数分の間、作業の手を止めて、外へ出てゆっくりと夕日を眺めてみるのです。1人でコーヒーを片手に過ごすのも良いでしょうし、余裕があれば仲間とスパークリングワインを開けるのも格別です。

夕焼けに加えて日没後に現れる薄暮(マジックアワー)も印象的な時間帯です。太陽が地上から姿を消したのにかろうじて残った明るさで暗くなるのを耐えている、30分ほどの束の間です。

まちなかにいても大自然と同じように、太陽のサイクルは繰り返されます。朝になれば日が昇り、夜になると日が落ちる。地球上にいる限り万人が享受できる自然の挙動によって、まちの表情が変わっていく様を体感できます。

CASE 2

水辺ランチ

// DETAIL

実践者	水辺のまち再生プロジェクト
行為	川べりでランチする
道具	昼ごはん、柵を越えるための踏み段
人数	5〜30人
場所	中之島公園
事前準備	2週間前に告知
頻度	月に1回
所要時間	ランチタイム(1時間ほど)

「水辺ランチ」は、大阪の都心部の河川の魅力を体感することを目的に、中之島公園の剣先で昼ごはんを食べるというランチ会です。冬でも晴れ間があればそれほど寒さは感じず、おでんや汁ものを調達すれば体も温まります。気温が30度を超える真夏日でも、木陰を選べば風も吹いてそこまで暑さを感じません。

都心部の河川でも意外とたくさんの動物に出会えます。害獣のヌートリアが川を渡っていたり、サワガニが護岸のスキマから這い出てきたり、川の中で獲物を狙うサギがいたり、日向ぼっこをしているユリカモメがいたり、水面を跳ねるコイがいたり…。動物に会えなくてもそこかしこに草花が育っています。生物の営みをぼんやりと眺めていると、橋を渡った川の向こうは人の営みがひしめくオフィス街であることを忘れてしまいます。

川の上には空が広がっています。剣先から川が二つに分岐していくので、上流方向を向くと目の前には水面がいっぱいに広がっています。ついさっきまでの、またこの後の仕事の世界からまったく切り離されてしまったかのようなゆっくりとした時間を過ごすことができます。抜け感のある景色が良い場所を選べば、1人でも贅沢なランチタイムになります。

2 とっておきの ベストロケーションを満喫する

まちにはたくさんのビュースポットがあります。道路や川、公園ではビルが視線の前に立ちはだからないので、たいてい視界が抜けています。多くの人はそれぞれの目的地に一直線に向かって歩いているため、それらのビュースポットに気づきません。自分たちで工夫することさえできれば、多くの人が気づいていない自分だけのビュースポットを満喫することができます。

大切なのは、そのスペース自体の見え方ではなく、そこから何が見えるか、そこにいてどんな気持ちよさがあるか、です。

城の天守が真っすぐ遠くに見える、水面が目の前に迫っている、ビルの夜景に囲まれる、電車が走り過ぎていく、車の赤いテールランプが連なる、鮮やかな緑がどこまでも広がる…。まちだからこそ体験できる視対象はたくさん転がっています。

自分が心奪われる、わくわくする視対象（具体的な物でも漠然とした風景でも）が見つかったら、それを楽しめるまちのスキマを探してみることです。それが見つかりさえすれば、あとはそこでの過ごし方を考え、それに必要な準備をすればOK。とっておきのベストロケーションが生まれます。

CASE 3

水辺ダイナー

// DETAIL

実践者	水辺のまち再生プロジェクト
行為	テーブル形式で晩餐する
道具	食器、テーブル、椅子、クロス、食事、酒
人数	2〜8人
場所	人が通らないスペースなど
事前準備	ゲストへの声かけは1週間前に
頻度	月に1回
所要時間	19時スタートで2時間ほど

「水辺ダイナー」は、きちんと感のある食事を楽しむテーブル形式でのアウトドア・ディナーです。

シートやラグを敷いてくつろぐにしても、すぐ近くを人が行き来する硬い地面だと、なかなか地面に腰を下ろしにくいものです。そこで市販されているアウトドア・テーブルと椅子をセットして、テーブルクロスを敷いて、自宅から持ってきた普段使いの食器を並べます。テーブルスタイルなのでフォークとナイフを用意して、食事は買ったりつくったりして簡単に用意します。ピザのデリバリーやUber Eatsなどで食事を届けてもらう方法もあります。

晩ごはんをいつもの店でなく、屋外の素敵な場所で食べられたらと思うことがありますが、ピクニックスタイルだとややカジュアルな会になってしまいます。そこで、TPOに応じて食事のスタイルをアレンジできないかと考えていたところ、夜景の美しい場所を見つけてそこにテーブルと椅子を置いて食事をするスタイルがピタっとハマりました。椅子に腰かけると視線が高くなり、景色を堪能することができるようになります。

CASE 4

チェアリング

// DETAIL

実践者	酒の穴(スズキナオ&パリッコ)
行為	椅子を置いてくつろぐ
道具	折り畳み椅子
人数	1〜6人程度
場所	どこででも
事前準備	なし
頻度	不定期
所要時間	1カ所1缶が目安(30分程度)

酒場ライターのパリッコさんとスズキナオさんの2人が名付けた「チェアリング」という活動があります。路上をはじめ、砂浜や川の土手など「ここだ」と思った好きな場所に持ち運び可能の椅子（多くはアウトドア用のもの）を置いて、そこで酒を飲んでくつろぐ行為を「チェアリング」と呼んでいます。

チェアリングはベストロケーションを楽しむのに適していて、ハードルが低い割に体験効果の高い取り組みです。目線の高さを背丈から腰の位置にまで下ろすことによって、立っている時に見えていた景色が全然違ったように見え、普段とは違うレイヤーでまちを眺めることができます。

缶ビールを買ってその場で立ちながら飲むのと違い、腰を下ろして自分自身を座面や背もたれに預けることで、五感で環境を味わうことができます。心に余裕ができ、時間の流れを感じながら、目の前の景色を楽しめるようになります。

チェアリングはさらなる広がりを見せています。2人の活動からインスパイアを受けたエディターの伊藤雄一さんは「日本チェアリング協会」を設立しました。チェアリングを通して自分の時間を自分なりに選んで過ごすことの大切さを見つめ直し、道端の花に目を向けたり、高層ビルをぼんやり眺めてみたりしながら、「普段と違う過ごし方」によって得られる「普段と違うモノの見方や考え方」に気づくことを楽しんでいます。

3 見知らぬ他人と時間を共有する

公共空間で普段あまり見慣れないことをしていると、それが魅力的なものであっても、道行く人の注目を浴びてしまいます。

ほとんどの人はチラッと見るぐらいで通り過ぎていきますが、そのうちのごく少数の人たちは、遠巻きに眺めていたり、一緒にいる友人と噂をしたり、積極的に仲間に入ってきたりします。

自分たちが好きでやっていることに関心を持ってくれる人がいると嬉しく感じます。また、この時他の過ごし方をしていれば出会えなかったであろう、見知らぬ他人との接点が生まれることも楽しかったりします。

CASE 5

Re:BAR

// DETAIL

実践者	筆者
行為	カウンターで酒をたしなむ
道具	カウンターテーブル、グラス、酒、氷、水
人数	～10人
場所	川が見える場所
事前準備	なし
頻度	不定期
所要時間	夕焼け～薄暮（2時間）

まちなかの素敵な場所で、バーのように外で気分よく酒をたしなみたいという思いから、路上のスキマを見つけて川の景色を借景にしたバーをポップアップするという遊びを続けています。

触れ込みとしてはバーと言いつつ、営業行為になるとマズいので、「まるでカウンターのようなテーブルを置きつつも仲間内で立ったまま飲み会をしている」という立て付けから逸脱しないようにしています。つまり、このポップアップバーは、バー営業ではなく「バーごっこ」なのです。

この「バーごっこ」は、何も知らない通行人にとっては、飲食店業者が仮設でバーを仕立てて客を呼んで遊んでいるようにも見えます。バーと言ってもパブのような雰囲気になっているので、一見の人にも敷居が低く、見ず知らずの「お客さん」が飛び入りで参加します。結婚披露宴帰りのほろ酔いのお父さんや、散歩中のご夫婦が夕食前に一杯飲んで帰ってくれたり、女性グループが繁華街に飲みに行く途中で足を止め、そのまま輪の中に入ってくれたりすることもありました。

これはあくまで「バーごっこ」なので、そこに厳密な店と客という関係はありません。でも、バーテンダーと客という役割を演じることで、車座の飲み会にはない微かな緊張感を持った場が生まれます。「お客さん」もハメを外さず、ここがバーであるという前提がうまく機能し、それらしいふるまい、社交が生まれます。

CASE 6

流しのこたつ

// DETAIL

実践者	奥井希さん、大島亮さん
行為	こたつを置いてその場に居あわせた人と団らんする
道具	こたつセット、黒板、豆炭あんか（冬場のみ）
人数	～8人
場所	畳2畳分ぐらいのスペース
事前準備	なし
頻度	不定期
所要時間	1時間程度～

大阪に暮らしながら、いろんな遊びを外を使って楽しんでいる奥井希さんと家具職人の大島亮さんからなるユニットが、持ち運びできるこたつをまちなかに広げる「流しのこたつ」という遊びを続けています。

流しのこたつは、常にオープンで他人の飛び入り参加を歓迎しています。2人は、公園や歩道の植栽、店の軒先、動物園の園内、川べり…、いろんなところでこたつを流しては、通りがかりの興味をもった他人を積極的に呼び込みます。「流しのこたつ」によって、道行く人も、心が安らぐ団らんの体験を共有しています。

こたつは、家の中で家族や親しいお客さんと一つの布団の下に足を潜り込ませて暖を共にする、日本人なら誰にでもなじみのある家具です。布団の中に靴を脱いで足を入れるわけですが、この布団一枚が親密感アップに果たす役割は大きく、そんなプライベート性の高い家具を使うと、たとえ屋外の公共空間でも、初対面の人同士が一気にオフモードになり、自然体のコミュニケーションがとれるようになるから不思議です。

これを、2人は「こたつの団らん」と呼び、流しのこたつによって「まちのスキマが、開かれた実家のような場所になる」と表現しています。また、こたつを目的地まで電車で手運びする風景や、外に持ち出している風景を他の人が見ることで、「よくわからないもの」に対する社会の許容度を広げたり、誰かがやりたいことをやろうとするハードルを下げたりするきっかけになればと、2人は語っています。

2人は、何かゴールを掲げてそのためにこたつを広げているのではありません。予測を超えた面白さや出会いへの機会として、流しのこたつそのものを楽しんでいます。

CASE 7

くにたち0円ショップ

// DETAIL

実践者	くにたち0円ショップ有志
行為	使わないものを無料で提供する
道具	シート、看板、放出物
人数	〜10名程度
場所	国立駅前の歩道脇スペース
事前準備	ツイッターでの告知
頻度	毎月第2日曜日
所要時間	13時半〜日没

東京・国立市のまちかどでは、毎月第2日曜日に小さな「市」が開かれています。お昼の1時を過ぎた頃から、出品者たちが不要になったもの、捨てるのがもったいないもの、無料で他人に差し上げても構わないものなどを持って集まってきて、駅前ロータリーの隅っこにシートを広げて、商品を並べ始めます。それらと一緒に「0円」「無料」などと書かれた札も並べて準備完了。これが路上の不用品無料放出市「くにたち0円ショップ」です。

くにたち0円ショップでは、無料であることによって出品者とお客さんとの間で自然な会話が起こります。出品者は売上を上げることが目的ではないので、プレッシャーを感じることも営業トークも不要です。お客さんも商品を無理に勧められたりせず、気楽に品定めができます。そのうち、商品以外の話題に自然に派生しておしゃべりを楽しむようになります。

くにたち0円ショップをしなかったらきっと交わらなかったであろう人と交われますし、見ることがなかったであろう相手の表情や人柄に触れることができます。知らない人同士が無表情ですれ違うのが当たり前の都会のまちなかで、「よそ行き」という殻を脱いで他人と好意的に触れあえる体験が得られます。

くにたち0円ショップでは、お客さん側のスペースがちょっとした溜まり場になります。出品者と挨拶をしている人、商品を吟味する人、商品を試してみる人、ただ出店者とおしゃべりを楽しんでいる人…。知らない人同士が、ストレスなく一つの場に居あわせ続けています。そこには「まちのヘソ」ともいえる広場的状況が生みだされています。

4 まちのスキマを賢く使う

まちの中に、他の人には見えていない場所を発見すること、あるいは、他の人が良いと思っていない場所のポテンシャルを見出し、その場所を自分に合った方法で使いこなせるようになるのは心底痛快です。

自分のやりたいことがうまく実現できるのであれば、まとまったスペースである必要はないですし、恒久的に使えなくても構いません。両手を広げたぐらいの小さなスペースでも、1日のうちの一時的な時間だけでも、自分目線での視点の転換を通じて自分の場所だと思えるスペースをまちの中に見つけることができれば、「自分」という楔をまちに打ち込むことができます。

CASE 8

クランピング

（提供：伊達友菜）

// DETAIL

実践者	水辺のまち再生プロジェクト
行為	柵にサイドテーブルを取り付ける
道具	クランプ、天板
人数	1人～
場所	橋の欄干、柵、手摺り
事前準備	特になし
頻度	特になし
所要時間	15分～

私たちは自分の持ちものを置くと、その周辺の領域を自分のエリアのように感じ、不思議と寛げるようになります。「クランピング」は川沿いの柵や手摺、欄干をゆっくり佇めるサイドテーブルに変える取り組みです。

クランピングで用意するのは「クランプ」という圧着のための工具二つと天板として使う板。クランプで柵を掴んで、その上に板を置いて渡せば完成というシンプルなしくみ。ゼロから創造するのではなく、市販されているものを組みあわせて、まちなかにすでにある構造物を止まり木に自分の居心地をつくることができます。

クランピングのよさは、サッと場をつくって、スマートに撤収できること。構造がシンプルで着脱が簡単なので、何かと使いやすく、近所に住んでいる友達と家の前で寝酒を飲んだり、外で仕事をする時のパソコン台にもなります。海苔、酢飯、具材、調味料を順番に並べて、川を眺めながら手巻き寿司をつくれる川沿いのブッフェ台として使ったこともあります。

川沿いの柵や橋の欄干は、人が川に転落しないよう、川との距離を確保するために設置されます。そうした人を寄せつけないためのエッジがクランピングによって人の寄りつくスペースに変わります。

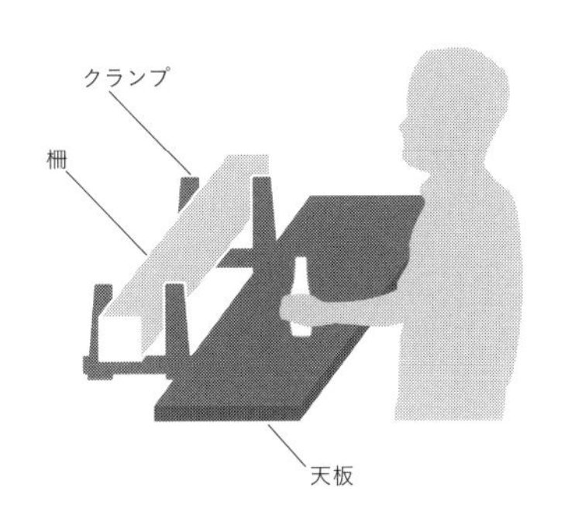

CASE 9

URBAN SPACE DISCO

// DETAIL

実践者	筆者
行為	大きな音楽を流す
道具	音源プレーヤー、スピーカー
人数	3〜10人
場所	人気のないまちの中心部
事前準備	特定少数への声かけ
頻度	不定期
所要時間	終電後〜始発前

まちなかの人気のないスペースを人知れずディスコ空間に変える「URBAN SPACE DISCO」という遊びを続けています。人が通らない場所、あるいは通行人が距離を置いて通り過ぎることができる広さのある場所を見つけて、最終電車の頃に集合。テーブルの上に音源としてスマホやタブレットを置いてDJブースにします。そこから二股のケーブルにつないでなるべく離した位置にポータブルスピーカーを二つ置きます。深夜営業をしている店舗の前や、近くのマンションの玄関まで行って音が聞こえない音量を見極めて準備完了。

ブースの正面で二つのスピーカーに挟まれた直径4〜5m程度のエリアが音場になります。そこに身を置くと、音楽に包まれている感覚に浸ることができ、自分と音楽とまちが一つになるかのような体験が得られます。始発電車が動き始める頃には撤収し、ディスコだったスペースは元のまちの姿に戻ります。

戦後の高度経済成長期、同じ機能を集めることによって経済活動を活発化させようと、都心部にはオフィスビルが立ち並ぶビジネス街が形成されました。その結果、平日の昼間には人が多い一方で、夜や休日には閑散となり、「まち」としての機能が失われました。URBAN SPACE DISCOはそんな課題が残るまちの状況を逆手にとって、まちなかで大きな音楽を流す活動です。防音設備の整った場所や、山間部や臨海部のような都市部から離れた場所に行かなくても音楽に包まれたいという欲求を満たすことができるのです。

まちの中心部は過密していても、時間によっては遊んでいるスペースがたくさんあります。URBAN SPACE DISCOはそれらのスペースに対して「穏便使用権」を行使し、まちを「二毛作」している行為であると言えます。

CASE 10

ストリートダンス

// DETAIL

実践者	ストリートダンサー
行為	ダンスの練習
道具	スピーカー
人数	〜4人(グループごとに)
場所	人が通らないまとまったスペース
事前準備	なし
頻度	不定期
所要時間	20時〜最終電車(4時間程度)

ストリートダンスをまちなかで見かけることが時々あります。ダンサーは彼らなりの視点を持って、まちなかで練習するのに最適な場所を見つけています。

特に重要とされるのは、練習スペースを囲む壁と床の材質です。壁については、自分自身を映し出せることが重宝されます。大阪なら壁が鏡やガラス張りになっているOCATのポンテ広場が有名です。ブレイクダンスのような頭や背中でスピンをするダンスでは、服の汚れや消耗の点から床の摩擦や汚れ具合が重要で、光沢のある石やタイルが張られているスペースが最適です。

そのほかに重要な視点は、「安心して練習に打ち込める環境」です。ダンスが管理者によって公認されている場所はあまり多くないので、ダンサーは自分たちで候補となる場所を見極めています。

たとえば、オフィス街の建物の多くが、日が落ちればその役割を終えることをダンサーは知っています。夜遅くなるとオフィスの玄関が施錠され、通用口からしか出入りできなくなります。通用口から最寄り駅に向かうルートからはずれて実質的に誰も通らなくなった玄関周りのスペースがダンスの練習場所になるのです。地下道から建物の中に出入りするための通路もダンスの練習場所になります。その先の建物が営業時間を終えて閉鎖されることでアプローチとしての通路が袋小路になるからです。

彼らは「その場所を使うことを赦し続けてもらう」ことの大切さと難しさを肌で感じています。そのため、その場所でダンスの練習をすることに彼らなりの流儀をつくり、新しいダンサーに伝えています。まちなかでダンスの練習ができる環境を、世代を超えて継承していこうとしているのです。

常識から
解き放たれる

5　外でやってみると意外と気持ちいい

私たちは、家を生活の基点とするのが当たり前であると考えています。水、ガス、熱といったエネルギーの確保から、排泄、調理、娯楽、最近は他人との交流までを家の中で行えます。風をよけ雨を凌いで寝起きを繰り返す以外の行為が充分に達成できるほど、家は便利で快適になっています。

そんな、家の中で何気なく済ませていた行為を改めて意識してみて下さい。

なぜその行為を家の中でやらないといけないのでしょうか？　その行為を外でやってみたらどうでしょうか？

いつもの日常が少しの工夫でわくわくするものに変わるかもしれません。

CASE 11

外朝ごはん

// DETAIL

実践者	筆者
行為	外で朝ごはんを食べる
道具	いつもの朝食、テーブル、椅子
人数	2〜4人
場所	人が通らないまとまったスペース
事前準備	なし
頻度	不定期
所要時間	15分(平日)〜1時間(休日)程度

外で朝ごはんを食べてみるといっても、いつもの朝ごはんを外に持って出るだけのことです。場所は家の前のスペースやすぐ近くの公園でOKです。時間のない平日は、いつもの朝ごはんを、食卓に食器を乗せてそのまま持ち出すのが一番簡単です。

朝ごはんを外で食べるからといって特別なことをするのではなく、場所を外に変えるだけ、と考えればそう負担にはなりません。動き出そうとするまちの澄んだ空気を感じ、耳を済ませ、眺めを楽しみ、束の間の時間でもゆったりとした気持ちで過ごすことができます。

時間のある休日ならさらに可能性が広がります。食卓の上に一度に料理を広げずに、食事⇒デザート⇒コーヒーと順番に楽しむだけで、食事の起承転結が生まれます。また、近所の友達を誘って一緒に朝ごはんを食べると、さらに楽しくなります。

忙しく生活する私たちは、出社時間が迫るなか、ついつい朝ごはんを簡単に済ませがちです。そんな、ただ食事をとるだけだった朝食の時間が少しの意識で豊かな時間に一変します。

CASE 12

夜明かし

// DETAIL

実践者	筆者
行為	家に帰らずに外で夜を過ごす
道具	シート、椅子
人数	1人〜
場所	どこででも
事前準備	なし
頻度	暖かい時期に不定期で
所要時間	深夜〜夜明け

夏になると帰り道に、夜風があまりにも気持ち良く感じる日があります。そんな日は、こんなに気持ちいいのになぜ自分は家に帰ろうとしているのかと自問し、家に帰るのをやめる決断をすることがあります。野宿をするなら眠るための準備が必要ですが、夜をまちなかで過ごす（眠くなったら目を閉じてもいい）くらいの気構えであれば、その決断は気軽に実行に移せます。

旅行先でも同じように外でひと晩を明かすことがあります。芝生ならシートが、アスファルトの上ならアウトドア用の折り畳み椅子があれば、心強い味方になります。

一度、日本一のビジネス街と言われる丸の内の真夜中の顔を見てみたいと、午前1時過ぎに東京駅を降り、そのまま夜を明かしたこともありました。まちの散策を楽しんだ後、東京駅から皇居に続く大きな歩行者空間の行幸通りに腰を下ろしました。そのまま寝入ったのですが、朝になって目を覚ますと目の前にレトロな東京駅の駅舎が広がり、その後ろから朝日が昇っていました。こんな贅沢な寝起きのシチュエーションはなかなか体験できません。

誰かと一緒なら、そこで夜通し話をしているうちに、結局朝を迎えることもあります。夜に集まって話をすると、より親密に感じられるから不思議です。幸いにも日本は治安がいい国です。夜になったら家に帰らないといけないという固定観念を一度外してみることで、簡単に新しい体験が得られます。

真夜中のまちを目的なく歩くのは楽しいものです。見慣れたまちでも、初めて来たまちのように感じられて、昼間には目にとまらなかったものに気づきます。昼と夜ではまちの登場人物もまったく違います。夜のまちがスキマだらけだということにも気づきます。

6 アウトドア・アクティビティを まちに持ち込む

私たちは、キャンプに行くといろいろな生活行為を屋外で楽しみます。テントやバンガローといった寝る場所以外は、ほとんどすべて外で行います。飯ごうで炊いた米は炊飯器で炊くいつもの米とは違うし、普段と同じレシピでつくるカレーもなぜか美味しく感じます。星空の下で焚き火を囲みながら交わす会話は何か尊いものに思えてきます。

こうしたアウトドア・アクティビティを通じて得られる貴重な体験は、それなりに準備をしたキャンプだからこそ手に入れられるものだと私たちは考えています。

ところが、キャンプで行う一つ一つの行為を紐解いてみると、まちなかに持ち込めるものがいくつもあります。ハンモックを家の近所の公園に吊るしてくつろぐ友人がいますが、大自然の中でなくても十分、アウトドア・アクティビティは実現できるのです。

CASE 13

大阪ラブボート

// DETAIL

実践者	水辺のまち再生プロジェクト
行為	手漕ぎボートでのんびり過ごす
道具	ゴムボート
人数	1人〜
場所	大川
事前準備	2週間前に参加者に声かけ。潮位表で川の流れを把握
頻度	不定期
所要時間	2時間程度

観光船が行き交う大阪の川に手漕ぎボートで漕ぎでて、ボートで「ポタリング」を楽しむ「大阪ラブボート」という取り組みがあります。

川の近くまで来て、ゴムボートを膨らませて、静かに着水。川の真ん中に飛び出ないように気をつけながら浮かんでいると、今までになかった感覚でまちを感じることができます。都市河川なので、草木や土石に囲まれた自然の川をアドベンチャーするのとは勝手が違いますが、橋の下をくぐったり、行き交う船や岸辺の人に手を振ったり、見慣れない角度からまちの風景を眺める新鮮な体験ができます。

流れのある川なら漕がなくても自然と流れに身を任せていれば、ボートが下流に向かって流れていきます。4人乗りのゴムボートにゆったりと2人で向かいあって座り、楽器を演奏したり、ワインやおつまみを持ち込めば、川の上が小さなリビングルームのようになります。

朝はしんとした静けさと、少しひんやりする空気が気持ち良く、夜は見上げるビルや高速道路、水面に反射する夜景を特等席で楽しめます。クルージングで観光船に乗るのとも一味違って、水面が近く、風や川の揺れを肌で直接感じます。舵を取るのも身を守るのも自分自身。身ひとつで川に佇んでいると、自分がまちと一体化しているような心地でスローな時間を「過ごす」ことができます。

CASE 14

ご近所野宿

// DETAIL

実践者	かとうちあきさん
行為	野宿をする
道具	寝袋
人数	1～10人
場所	近くの公園など
事前準備	仲間に声かけ
頻度	不定期
所要時間	半日（日没後～翌朝まで）

「野宿野郎」という旅コミ誌の編集長を務める、かとうちあきさんは、生活の一部に野宿を取り入れています。かとうさんはもともと学生時代から野宿を楽しんでいましたが、ある日の夜に終電を逃して仕方なく野宿をしたことをきっかけに、その魅力に改めて気づき、現在まで積極的に野宿を続けています。家の近くの公園で野宿をしたり、野宿を前提とした旅行をしたり、商店街のシャッターの前で野宿をしながら会議をしたり、お花見野宿をしたりと、いろいろなスタイルで野宿を楽しんでいます。

かとうさんの著書『野宿入門』（草思社）では、「『野宿をすること』が選択肢に増えただけで、酔っぱらった時や終電を逃した時にも、人は少しだけ自由になれる」ことが、都市生活への効用の一つとして挙げられています。また、まちなかで野宿を楽しむ上では、「人との関係性」と「野宿地の選び方」が大切だとのことです。

「人との関係性」とは、「その場にいる人に好かれないまでも、嫌われないということ」とのことです。いつもその場所を使っている人にとっては野宿者は違和感でしかないため、それを少しでも和らげることが有効です。かとうさんは野宿をした翌朝に周囲でラジオ体操が行われていたらその一員に加わったり、中学生たちに「何をしているのか」と尋ねられたら「青春の旅をしている」と取り繕ったりして、相手に相応の納得感を持ってもらえるよう心掛けています。

「野宿地の選び方」についても、かとうさんは「野宿をする上で怖いのは、動物や天気ではなく、野宿地の脇を通り過ぎる人間」で、「トイレの衛生管理状態から、不良の有無、清掃頻度などの野宿のしやすさを推察する」「いかにも野宿が起こりがちだと思われていそうな場所を選ぶ」という、かとうさん自身の経験からポイントを指摘しています。

7 お金をかけずに自前で遊ぶ

私たちは日頃の生活の中で何かをやりたいと思い立った時、お金を払ってその商品やサービスを得ています。これは、やりたいことがすぐに消費行動に結びついているわけですが、そのことを改めて意識することはほとんどありません。目の前に示された手っ取り早い手段に対して無防備で、費用対効果を考えずに購入しています。そして、費用と引き換えに得られる付加価値に翻弄されています。その付加価値は、あるに越したことはないとしても、本当に必要なものなのでしょうか。

その時、私たちが本当にやりたかったことは何なのでしょうか？　やりたいことを必要以上に大きく見せている「贅肉」を削いでいくと、本当にやりたい骨の部分が見えてきます。そして「自前でやってみる」ということが選択肢に入ってきます。

自前でやってみることによって、それまでお金で買っていた商品やサービスの価値をきちんと把握し、それが必要なものかどうかを判断できるようになります。

CASE 15

芝生シアター

// DETAIL

実践者	筆者
行為	芝生の上で映画を観る
道具	スクリーン、映像機器、発電機
人数	〜20人
場所	芝生広場
事前準備	メンバーと道具を分担
頻度	不定期（夏の夜）
所要時間	日没〜終電（映画2〜3タイトル）

毎年夏になると、友達同士で近くの公園に集まって映画の観賞会をしています。まず、「そろそろ映画観ない？」と誰かが言い始め、仲間を集め、手分けしてDVDプレーヤーやプロジェクターなどを準備します。発電機はネットショップでレンタルし、当日に現地で受け取って、最寄りのスタンドでガソリンを入れておきます。スクリーンは100インチ程度の大きさで投影するなら、代替品で間に合わせることもできます。塗装屋さんが養生に使うベトナムシートなんかが最適ですが、布団のシーツでも問題ありません。

休憩を挟みながら一晩で2～3タイトルを観ます。室内と違い屋外ではノイズが多いので集中して観なくてはならない作品は不向きで、わかりやすくてテンポのいいタイトルがオススメです。かかる費用は、発電機とDVDのレンタル代7000～8000円だけで、10人で観れば1人あたり1000円かかりません。

芝生にごろ寝したり、椅子に座って脚を投げ出したりしつつ、気心の知れた友人と飲食しながら映画を観るのは贅沢な時間です。映画を眺めている真剣な友達の横顔を見るのも、プライベートを覗いているような気分になってドキドキします。通りすがりの人が時折足を止めて、遠巻きに映画を眺め始めて帰り際にお礼を言われることもあります。

体の大きい私は、シートが狭い映画館でのマナーがあまり得意ではありません。私語は禁止だし、リアクションも我慢しないといけないし、音を立てて飲食してもいけないし…。でも考えてみれば、映画は心が揺さぶられる体験が得られるものです。怖い映画や笑える映画、感動する映画をただ大人しく黙って観るというのは不自然で、人それぞれの映画の観方・反応があってしかるべきです。

CASE 16

ピクニック演奏会

// DETAIL

実践者	筆者
行為	朝食を兼ねて合奏を楽しむ
道具	楽器、朝ごはん
人数	2人〜
場所	朝の公園
事前準備	課題曲を決めて声をかけておく
頻度	不定期(日曜日)
所要時間	3時間程度

家の中には何かしら眠っている楽器があるのではないでしょうか？　そうした楽器を持ち寄ってみんなで合奏するのは楽器に再び触る良いきっかけです。でも、家の中で演奏するのは隣近所の迷惑にならないか気になりますし、壁に囲まれているので今ひとつ盛り上がりません。

そこでオススメなのが、楽器の音が冴えて聞こえる朝の時間帯に外で演奏することです。朝の時間帯は体操や散歩をしている人が多く、昼間のようにずっと同じ場所にとどまる人があまりいません。そもそも人も多くなく過密していないので、聞こえてくる音楽が気に入らなくても距離を置いてもらうことができます。

朝ごはんを兼ねると楽器が得意でない人にとっても参加しやすくなります。食事の時間と演奏の時間をきっちり分けずに、食べながら演奏すると堅苦しさが抜けます。

大阪の鶴見緑地公園で、自分の親世代の30人ぐらいのグループが輪になって合唱しているのを見かけたことがあります。近づいてみて驚いたのが、その曲をカラオケ音源ではなく、自分たちで演奏していたことでした。タンバリンやギターはもちろん、ベースや電子ドラムまで持ち込んでいて、歌を歌いたい人、ギターを弾きたい人、ベースを弾きたい人、ドラムを叩きたい人…、それぞれがやりたいことをするために集まっていました。

その演奏がプロフェッショナルかどうかは関係なく、人々が音楽をのびのびと演奏して歌って自ら楽しんでいる様子は、見ているこちらも楽しくしてくれます。

CASE 17

青空カラオケ

// DETAIL

実践者	増本泰斗さん、榊原充大さん
行為	河川敷でカラオケをする
道具	マイク、アンプスピーカー、カラオケ音源
人数	～20人
場所	鴨川河川敷
事前準備	SNS等で告知
頻度	不定期
所要時間	昼過ぎからゆるゆると

学生時代、大阪の天王寺公園にカラオケ屋台がありました。2003年に姿を消したそのカラオケ屋台と同じような遊びを、友人が京都で続けています。この「青空カラオケ」はもともと、アーティストの増本泰斗さんが「街のメンテナンス」をテーマにしたアートプロジェクト「SUJIN MAINTENANCE CLUB（崇仁メンテナンスクラブ）」で実施したのがきっかけでした。その後、増本さんと建築家／リサーチャーの榊原充大さんが友人と鴨川河川敷で青空カラオケを始めました。

場所は鴨川の河川敷。出入り自由、持ち込み自由、会費なし。河川敷の広場の脇にあるウッドデッキをステージにして、川の方を向いて歌うレイアウト。持ち込まれたマイクスピーカーがステージの片隅に置かれていて、音源は各自のスマートフォン。メジャー曲なら「曲のタイトル＋カラオケ」で検索すればカラオケ曲が歌詞の表示とセットで流れます。マイナーな曲でもカラオケアプリを活用すれば大抵見つかります。

実際に歌ってみると、空やまちに自分の声が染みていくような気持ちよさ。聞いてくれている人も、BGMとして聞き流してもいいし、歌に合わせて踊ってもいいし、自分の好きなスタイルで過ごせるからストレスになりません。地元の人や観光客も微笑みながら通り過ぎていきます。仲間でカラオケボックスに行って盛り上がる楽しさと、知らない人に聞かれるというスナックのようなパブリックな緊張感が共存しています。

歌うにしても、聞くにしても、「必要以上に強制されない」という自由さが、青空カラオケの魅力です。

まちの新たな使い方を呼び覚ます

8　都市空間を体で攻略する

日頃、私たちは「都市空間」を、生活を支える環境であり器だと認識しています。何かの目的を果たすための土台として捉えている都市空間を、行為の対象そのものとして捉えて直してみてはどうでしょうか。

私たちはアスファルトやビルが何のためにつくられているか、どう使われているのかを知った上で生活を営んでいます。そうした構造物の機能を理解するレンズを一度外してみることによって、都市空間はまったく違う価値をもって私たちの前に現れます。

子どもの頃、お屋敷を囲む岩垣にミニチュアのヒーローを置いてよく遊んでいました。友達と一緒になってどぶ川に入って探検気分を味わったり、塀の上を歩いたり、高い所から飛び降りたりしてまちをアトラクションのように見立てて遊んでいました。子どもの頃は、都市空間を形づくっているこれらの素材に与えられている役割を理解することはありませんでした。素材をありのままの素材として捉えて自分たちの遊びに都合よく解釈し直すことによって、無意識ながら都市空間そのもののありようを楽しんでいました。

私たちは、子どもの頃のようにまっさらな目で都市空間を眺めることができないものでしょうか。

CASE 18

スケートボーディング

// DETAIL

実践者	スケートボーダー
行為	スケートボードに乗る
道具	スケートボード
人数	1人〜
場所	どこででも
事前準備	特になし
頻度	特になし
所要時間	特になし

まちで時々スケートボードに乗った若者のグループが集まっている場所に出くわします。高低差のある立体的な空間が好まれるようで、大きな公園の片隅だったり街角のちょっとしたポケットスペースだったりします。彼らはオーリー（スケートボードごとジャンプする技）にさまざまな技を組みあわせることによって、都市空間に乗ったり、蹴ったり、滑ったりしています。彼らは、都市空間を構成する素材を巧みに駆使して自由な動きを見せます。

ある日の午後、公園のコンクリートの大階段と手摺りのスペースにスケーターが集まっていました。彼らは階段を数段飛ばしてジャンプしたり、手摺りにボードを乗せて滑り降りたりする練習をしていました。この場所は普段誰にも使われていない場所で、彼らの場所を見つける嗅覚に感心しました。

別の日には、階段を上がりきった先にあるビルの玄関口が使われていました。ビルの玄関のシャッターが下りた夜間、階段の中腹にスケーターたちが腰を下ろしていたのですが、1人が階段の一番上の踊り場まで上がり、スケートボードを蹴って踊り場の上を階段に平行に横向きに滑りだしました。そして次の瞬間、オーリーに合わせてスケートボードを90度立てて、階段の側壁を蹴って階段を一気に飛び降りたのでした。私たちは足で踏む地面と手をつく壁を別々のものとして認識していますが、彼らは、平坦な地面も垂直な壁も同じスケートボードを乗せる面として認識しているのです。

イアン・ボーデンはその著書『スケートボーディング、空間、都市』（新曜社）で、スケーターが都市とどう向きあいどう解釈しているかについて言及しています。

スケートボードのトリックはスケートパークやハーフパイプなどの専用施設で生みだされたものですが、そのフィールドがストリートに向けられるようになったのは1980年代頃とのこと。彼らは都市のありふれた場所でトリック可能な居場所を獲得していきました。特に、管理者の支配が及ばない場所である公共空間にその可能性を見出し、街路や広場が積極的に使われてきました。

都市における都市計画的・建築的な機能や思想は、スケーターにとっては意味がなく、都市の構造物は地形に見えます。壁、屋根、ガードレール、ポーチ、階段、消火栓、バス停のベンチ、貯水タンク、新聞スタンド、歩道、プランター、縁石、手摺り、柵、塀といった構造物は都市の構成要素に分解され、空間はそれらの連続として捉えられます。

また、スケーターはスケートボードができる場所を探す行為を通じて、新しい場所（の価値）を創造しています。都市は地形であって、スケートボードを通じて攻略する障壁となります。スケーターは、車輪から受ける振動を通じて地面を私たち以上に親密に感じ、地面以外の構造物に対しても地面と同様に接触することで重力から解き放たれています。よく社会問題化するまちに跡（塗料や傷）を残す行為についても、彼らに悪意はなく、その構造物を大地だと思っているからこそ起こる行為なのです。

社会学的視点からは、スケーターたちが行っていることは商業主義の支配に対する抵抗だと評価されています。スケーターにはまちの構造物に対する所有権、不動産という概念がないという点で、資本主義を否定しているのです。だからこそ、資本主義者や商業主義者はスケートボードという行為を否定するのだと言われています。

ラッシュアワーの時間帯、車や人が大混雑する路上をスケーターは軽やかにすり抜けて、あっという間に先の方へ滑っていきます。それはまるで、都市空間に詰め込まれてその機能に縛られて身動きがとれなくなっている私たちに対して、そうならないための答えを教えてくれているかのようです。

Chapter 3

PUBLIC HACKが持続するためのコツ

そんなこと本当にできるの？

2章では、まちを私的に自由に使っている実践者を紹介しましたが、彼らはそれぞれの個人的な動機に基づいて、まちなかのちょうどいい場所を見つけて、やりたいことを素直に実現しています。これらは、世間的な「当たり前」からは少しはみだした意外な行為ですが、ルールに違反しているわけではありません。これらは、ほとんどの場合、「問題ない」行為です。

でも、「そんなことやって問題ないのか？」と思う人は少なくないと思います。「法律違反を指摘されたり、通報されたりした時に、どう対応したらいいのか」というグレーゾーンが気になって、一歩踏み出せない人もいると思います。

そこで、本章では、これらの行為が、どう「問題ない」と言えるのかに答えつつ、まちを私的に自由に使うためのコツについて説明したいと思います。

法律を読めば、問題ないやり方が見えてくる

路上に立ち止まってひと休みするのは何も問題なさそうですが、テントを張って休むのは良くないような気がします。公園でピクニックをするのは誰にも咎められなさそうですが、露店を開くと問題になりそうです。何となくわかっているつもりですが、正確には何に基づいて判断されていることなのでしょうか？

自分のやりたい行為が法律的に問題ないかどうかをどう確認をすればいいのでしょうか？

それには「内容（どんなやり方で）」と「場所（どういう状況で）」を整理するのが良いです。行為そのものが許可や免許・届け出などの手続きを必要とする場合がありますし、場所によってやっていいこととダメなことが定められている場合があるからです。

やっていいこと？ダメなこと？

たとえば、2章で紹介した「水辺ダイナー」（p.44参照）の例では、「内容（どんなやり方で）」＝「食事会（知りあいに声をかけて）」、「場所（どういう状況で）」＝「道路（テーブルを置いて）」、といった具合です。

どの法律を調べればいいのかは、インターネットで検索すれば関係がありそうな法律に辿り着けます。そして、自分がやりたい行為が当てはまるかどうかは、それぞれの法律の冒頭に書かれている「目的」と「定義」を読んで確認することができます。

まず、「内容（どんなやり方で）」がポイントになるのは、行為そのものに許可や免許や届け出などの手続きが必要になるかどうかを確認する必要があるためです。どんな行為に手続きが必要となるのでしょうか。注意する必要があるのは、その行為が不特定を対象にする、営業行為やお金のやりとりをする、といった社会性を帯びる場合や、大きなものや火気を扱うといった、安全面で不安がある場合です。逆を言えば、これまで家の中でやっていたことをまちなかで個人的にやるのに、まず手続きは必要ありません。

たとえば、「水辺ダイナー」での食事会に関しても、花見と同じで、友人たちが集まって飲食しているだけなので手続きは必要ありません。これを、広く募集した参加者や道行く人からお金をもらってサービスとして食事を提供すると、食品衛生法上の営業許可や酒税法上の販売業免許が必要になってくるのです。

次に、「場所（どういう状況で）」を押さえておくのは、場所ごとに禁止行為や許可が必要な行為が法律や条例等で定められているからです。「やってはいけないこと」「許可が必要なこと（＝許可なしにやってはいけないこと）」がそれぞれの場所に対応した法律や条例の中の「禁止行為」「許可」という条文で記されているので、その項目に該当しないかどうかをチェックする必要があるのです。

道路の場合は「道路法」と「道路交通法」という法律で、それぞれの「禁止行為」「許可や免許などの手続き」について書かれている道路法第三十二条、第四十三条、道路交通法第七十六条、第七十七条の条文を確認します（さらに、自治体によって関連する条例や規則が定められている場合があります。大阪府の場合は道路交通法の地方版として大阪府道路交通規則が定められているので、この第十四条、第十五条を確認する必要もあります）。

たとえば、「水辺ダイナー」のように路上にテーブルを置くことの是非については、道路交通法の第七十六条に「3　何人も、交通の妨害となるような方法で物件をみだりに道路に置いてはならない。」と書かれているので、歩道の真ん中にテーブルを置くなど歩行の邪魔になるような置き方は禁止されていることがわかります。これはつまり、裏を返せば、通行の邪魔にならないスペースであればテーブルを置くことは禁止されていないということです（道路交通法の解説書には同様の言及があります）。道路法では第三十二条で、「他の人がその場所を使えない形で使う」ことを指す

水辺ダイナーで使っている道路上の「スキマ」

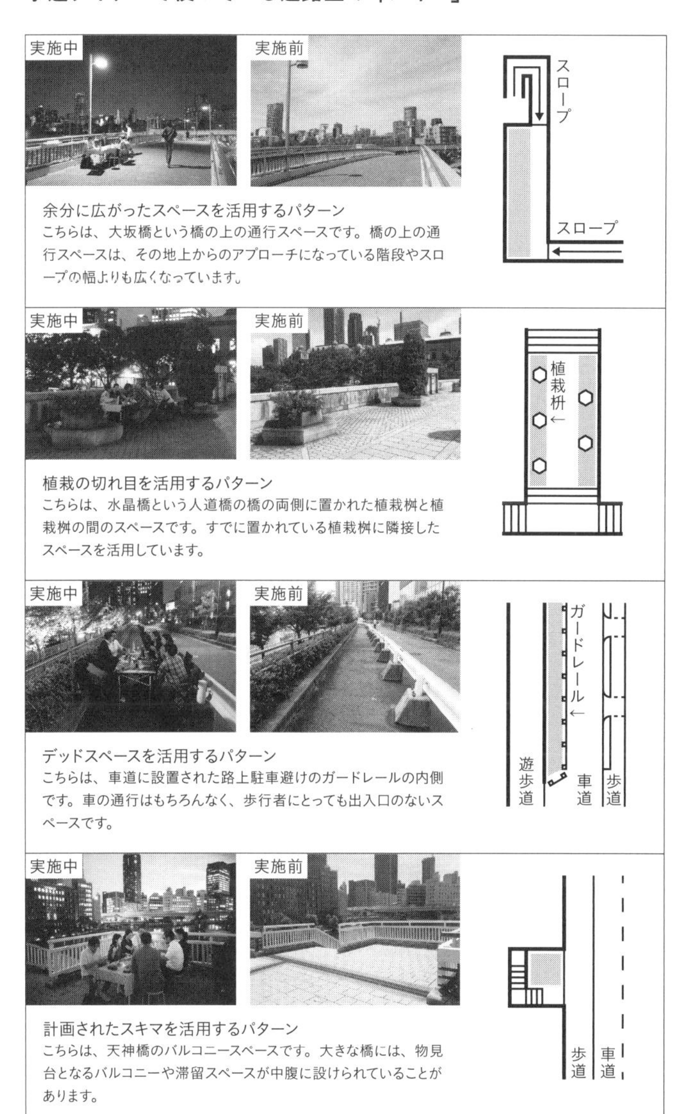

余分に広がったスペースを活用するパターン
こちらは、大坂橋という橋の上の通行スペースです。橋の上の通行スペースは、その地上からのアプローチになっている階段やスロープの幅よりも広くなっています。

植栽の切れ目を活用するパターン
こちらは、水晶橋という人道橋の橋の両側に置かれた植栽桝と植栽桝の間のスペースです。すでに置かれている植栽桝に隣接したスペースを活用しています。

デッドスペースを活用するパターン
こちらは、車道に設置された路上駐車避けのガードレールの内側です。車の通行はもちろんなく、歩行者にとっても出入口のないスペースです。

計画されたスキマを活用するパターン
こちらは、天神橋のバルコニースペースです。大きな橋には、物見台となるバルコニーや滞留スペースが中腹に設けられていることがあります。

「占用行為」に対して許可が必要だと記載されていますが、大阪市では、一時的に道路を使う行為は道路法の「占用行為」の対象にはならないものとして取り扱われます。

こうして、道路上にテーブルを置いて、仲間とひと時の食事を楽しむ行為は、法律に抵触しないことがわかったので、通行幅員が広がってできたスペースや植栽桝の途切れたスペース、窪みなど、通行上の支障にならない道路上のスキマを見つけて「水辺ダイナー」を実施しています（前頁の表）。

なお、路上で「ビッグイシュー」のような雑誌を手売りする人や宗教の普及活動を行う人がいますが、彼らも法律の条文を理解したうえで、移動可能なラックを持ち運ぶ、大きな声を出さないようにするなど、法律に抵触しない方法で実行しているのです。

2章で紹介した「芝生シアター」（p.78参照）の例で考えてみましょう。家で家族でDVDを見るのに許可は不要ですが、まちなか

「内容（どんなやり方で）」に関わる法律

法律	許可や免許などの手続きに関する規定	手続きなしで実施できるための工夫例
食品衛生法	飲食物を提供する際、営業許可が必要（第52条）	市販品（許可業者による製造・包装・調理）やポップコーン・焼き芋などを販売する場合は許可不要 無料提供の場合は許可不要 （※大阪府内の場合。自治体によって異なります）
酒税法	アルコール類を販売する際、販売業免許が必要（第9条）	その場で飲むために開栓して提供する場合は許可不要
著作権法	映画や音楽などの著作物を流す際、著作権者の許諾が必要（第63条）	非営利、無料、無報酬であれば許可不要（第38条）

※各自治体の条例・規則等も合わせて確認する必要があります。

でパブリックビューイングのように大勢で見る場合は許可がいりそうです。これについても、「内容（どんなやり方で）」（前頁の表）と「場所（どういう状況で）」（次頁の表）を整理してみます。

まず、「内容（どんなやり方で）」ですが、DVDのパッケージには、「このディスクを権利者に無断で、複製、放送、公開上映、レンタルなどに使用することは法律で禁じられています」等といった表現の注意書きがあり、著作権に関係ありそうだということがうかがえます。そこで、著作権法を調べてみると、やはり、DVDなどの作品を上映するには原則として著作権者の許諾が必要になると書かれています。ただ、著作権法には、非営利、無料、無報酬であれば自由に上映できると示されているのです（第三十八条）。つまり、非営利で、無料で、特定の誰かに報酬を渡さずに行えば、映画鑑賞会は手続きなしで実施できることがわかります。

次に、「場所（どういう状況で）」ですが、公園がこうした映画鑑賞会に使えるかどうかは、都市公園法（自治体によって関連する条例や規則が定められていることがあり、大阪市の場合は大阪市公園条例が該当します）を調べてみます。都市公園法の第六条と大阪市公園条例の第四条に、占用行為には許可が必要である旨が記載されていますので、映画観賞会が「占用行為」だと判断される場合は許可がないと開催できません。友人・家族とピクニックや花見をする時に許可をとってやっているわけではありませんので、その程度の規模なら占用行為ではないのでしょうが、どの程度までなら問題ないのでしょうか？

公園事務所の窓口担当者に一般論として確認してみたところ、「その時の周辺の状況や空間の使い方などの実施の様子によって判断が異なるが、30〜50人の規模になると、許可が必要かどうか判断する対象になる」ということだったので、芝生シアターの場合、その規模は10〜15人程度までにしています。そして幸いなこ

「場所（どういう状況で）」に関わる法律

法律		禁止行為や手続きに関する規定	手続きなしで実施できるための工夫例
歩道	道路法	露店等の継続的設置を行う場合は許可が必要（第32条） 道路を傷つけること、道路の構造・交通に影響を及ぼすことは禁止（第43条）	設置期間が1週間に満たない場合は許可不要（大阪市の場合） 交通に影響を及ぼさない位置で実施すれば禁止の対象外。
	道路交通法	交通の妨害をしたり、妨害になるような方法で物を置くことは禁止（第76条） 交通のひんぱんな道路で球戯、ローラー・スケート等を行うことは禁止（第76条） 場所を移動せずに露店や屋台を設置する場合をはじめ、道路の交通に支障が出る行為には許可が必要（第77条）	道路の窪み・ポケットスペースや通行動線から外れたスペースを使うことは禁止の対象外 人通りの少ない道路や時間帯を選べば禁止の対象外（※ただし数値基準はない） ビッグイシューのような手売りや、車両を用いた販売形態など、直ちに移動可能な用意で露店をすれば許可は不要
公園	都市公園法	公園を損傷する行為は禁止（第11条） 頒布・販売行為、占用行為には許可が必要（第12条）	頒布・販売を公園の外で行うのであれば許可不要 私的な個人使用、グループ使用とみなせる内容（規模・時間）の行為（＝自由使用）であれば許可不要
河川	河川法	占用行為には許可が必要（第23条、第24条）	自由使用とみなせる内容（規模や時間）であれば許可不要

※各自治体の条例・規則等も合わせて確認する必要があります。

とに、今のところ、許可が必要な行為として指摘や指導を受けることなく、長年にわたって継続できています。

法律について少し詳しく解説しましたが、PUBLIC HACKにおいて法律が何より大切だと言いたいわけではありません。許可や手続きを受けずに「ゲリラ」的に実施するこれらの行為は「グレー」な行為だと認識されがちですが、法律や条例を丁寧に読み解くことによって、真っ当に「白」だと言い切ることができるようになります。多くの人は、自分の中の「白」の範囲からはみだしている行為を「グレー」だと考えがちですが、それは行為そのものではなく、本人の理解度によるものなのです。
　後述しますが、警察でさえもルールを理解しないまま、思い込みで指導してくることがあるくらいです。その行為の良し悪しを、印象や思い込みで「グレー」と判断してしまうのではなく、きちんと構造的に理解することが大切で、そのための一つの視点が法律をはじめとするルールの確認なのです。

行為を制限しているのは自分自身の思い込みだ

「禁止されていること」「許可や免許等の手続きが必要なこと」は法律に書かれていますが、法律の条文だけを読んでも、その具体的な解釈まで含めて細かく理解するのは難しいものです。法律には数値基準まで細かに規定されているものばかりではないため、その判断は最終的には行政の担当部門の裁量で決まることもたくさんあります。どこまでが占用行為に該当して許可が必要になり、どこまでなら許可が不要な行為（「自由使用」と言います）としてみなせるか、規模や人数や時間に関して厳密な線引きはなく、ケースバイケースで裁量的に判断されているのが実情です。より完璧に近づけたいなら、裁判所の判例や法律の解説書を調べたり、弁護士や行政書士といったプロに尋ねたりすることも必要になってきますが、そこで「大変そうだから」と二の足を踏むのは本末転倒です。
　それよりも、まずやってみることが大切です。法律の条文だけでもチェックしておけば、取り返しがつかなくなるようなことはそうそう起きません。その上で、すでにまちに浸透している行為と同じようなやり方（時間帯、規模感…）を継承して実施すれば、それが見慣れない行為だとしても安心です。

「芝生シアター」を行う場合、友人と集まる場所や人数などの規模感の許容範囲は、ピクニックの場所や人数をイメージすればいいですし、手摺りにもたれながら佇める場所なら、2章で紹介した「クランピング」（p.58参照）を楽しんでも問題ないはずです。

ストリートダンスを楽しむ人からスタジオで練習しているという話を聞きますが、よくよく考えてみると本末転倒です。体を動かすことをダンスと表現するなら、どんな法律もダンスそのものを止めることはできないはずです。ダンスによって、結果的にその場所が通りにくくなることが問題なのであって、他の人の行為を妨げなければ好きに踊ればいいのです。行為そのものを禁止するのではなく、本来は程度や状況に対して制限すべき事柄のはずです。

イギリス出身の世界的なグラフィティアーティストであるバンクシーは、小学校の壁面にグラフィティを描いた際に残した手紙に、「it' s always easier to get forgiveness than permission（いつだって、許可してもらうよりも後で許してもらう方が簡単だ）」とい

すでに浸透している行為のやり方を継承する

うメッセージを記しています。

万が一、気づかないうちに間違いがあったり、行政の担当部門と解釈の食い違いがあったりして指導を受けたとしても、その指導に耳を傾け、自分の考えを伝え、必要に応じて素直に従って改善し、次に活かせばいいだけのことです。一度体験すれば、適切な形にチューニングすることができるようになります。

それでももし、自分で調べるだけでは自信がなくて、事前に行政の担当窓口に直接確認する時は、法律や条例の解釈についてイメージしやすい一般的な具体例を添えて聞くことをお勧めします。今まさにやりたいと考えている行為の是非をそのまま確認すると、窓口対応者にその行為の回答の責任まで要求していると捉えられかねません。そうなると、禁止されてもいないし許可が必要でもない行為であっても、問題が起こる恐れがあれば、念のため、「してはいけない」と指導されてしまうことがあります。

たとえば、占用行為に該当するかどうかを聞きたいのであれば、どのスペースか、広さや規模はどの程度かが焦点になるので、実際に行おうと考えている行為そのものを伝える必要はありません。「映画鑑賞会を企画している」と伝えなくても、相手にも馴染みのあるピクニックを例に出して問題のない規模・人数を確認すれば、十分参考になります。禁止されていなくて許可が不要であることがわかればいいのであって、行政からその行為を実施するにあたって太鼓判を押してもらう必要はないのです。

都市生活の可動域を広げるために

やりたいことの純度を高め、実現のハードルを下げる

あなたは、何を実現したくてその行為をやりたいと思ったので

しょうか？

そのことを意識せずに企画立案を進めると、どんどんやることが膨らんで、手のかかる行政手続きが必要になります。行政手続きが必要な行為は、その許可が得られずに企画が頓挫する可能性があるのはもちろんのこと、その手続き自体が負担になります。

企画が漠然としていると、いつの間にか不特定多数を呼んで十分なサービスを提供するイベントになってしまう恐れがあります。イベントの内容・規模が大きくなると、参加費を徴収しなくては準備ができず、そうなると、営業許可や免許が必要になります。そして、あらかじめ場所を確保する必要が生じ、占用許可も取得しなくてはならなくなります。告知して集客も考えないといけません。そんなことを進めていくうちに、いつのまにか相応の予算と期間、それをこなす労力が必要になってしまい、結局それが負担となって実現の足かせになるのです。

企画が漠然としていると負担が膨らむ

こうした行政手続きをとる前に、その企画で果たしたいことの本質をしっかり見極めることが大切です。それさえわかれば、行政手続きを経なくても、イベントにしなくても、法律的に問題ない範囲で達成できることは案外多いものです。

「水辺ダイナー」は飲食イベントがしたいわけではなく、気持ちのいい場所でディナーを楽しみたいだけですし、「芝生シアター」は賑わいづくりがしたいわけではなく、かしこまらずに映画を見たいのです。「URBAN SPACE DISCO」(p.60参照)はレイブパーティがしたいわけではなく、まちなかで気持ちのいい音楽に包まれて身を任せたいのです。

まちで何かをやりたい時は、まず、やりたいことの純度を高めて、実現の敷居を下げることを心得ておきましょう。

人はなかなか放っておいてくれない

社会的な良し悪しは法律で定められていて、行政は法律に基づいて事案を判断します。ところが、法律とは別にもう一つ気にしないといけないことがあります。対人関係です。対人関係で特に厄介なのは、直接やりとりすることなく、こちらが知らない間に行政や警察に通報されることです。

これまでまちでいろいろな行為をやってきましたが、通報を受けた警察がやってきて指導されることが数回ありました。通報されるとなかなか大変です。

2章で紹介した、まちで野宿をしているかとうちあきさん(p.75参照)は、「疑問に思った人が直接コミュニケーションをとってくれればお互いに理解しあうことで解決策が見つかるけれど、通報されるとどうしようもない」と言っています。チェアリングを愛好するスズキナオさん(p.47参照)も、「チェアリングのようなこじんまりした極私的な行為でさえも、やり方を間違うと不快に感じる人がいるはずで、通報を受けた警察がやってくるとやめないといけなくなる」と言っています。
警察は法律や条例の規定に従って行動しないといけない（法律や条例はそのためにある）のに、実際は「通報された」ことだけでその前提をすっ飛ばして私たちの行為を制止しにきます。警察が気にするのは多くの場合、「通報があった事実」と世間一般的な「想定の範囲」であって、その行為が法律上正しいかどうかは考慮せず、私たちに荷物を畳んで立ち去ることを穏便に強要してきます。通報者がどう警察に伝えてどこまでを求めているのか、それに対してどの部分を直せばいいかを示してくれることはほとんどなく、取りやめる以外の選択肢を与えてくれません。警察と争いたいわけではありませんし、お互いの立場を尊重した上でベストアンサーを一緒に探したいのに、そのプロセスを受け入れてもらえません。彼らの「当たり前」にそぐわない、私たちの行為を放置することは、彼らの立場を脅かしかねないのです。通報をきっかけに初めて顔を合わせる者同士が心を通わせお互いの立場を尊重しあうことはなかなか難しいのが実態です。
真冬の日曜日の朝、道端で焚き火をしている時に警察官が「通報があった」とやってきたことがありました。ちなみに焚き火に関するルールは、次頁の表の通りです。人通りが少ない場所で、建物から離れて、道路を焦がさないように、通行の支障にならないように、相当の注意を払って行っていたのに、警察官が私たちを指導した主旨は、「法律は関係ない、世の中が世知辛くなっているんだから常識的に考えてやってはいけない」でした。
道路で「水辺ダイナー」をしていると、警察官がやってきて「通報されるような行為は迷惑行為である」「法律上問題がなくても紛らわしくて誤解を生むから止めなさい」と指導されたことがありました。

焚き火に関するルール

道路法 第四十三条	第四十三条　何人も道路に関し、左に掲げる行為をしてはならない。 一　みだりに道路を損傷し、又は汚損すること。
道路交通法 第七十六条	何人も、信号機若しくは道路標識等又はこれらに類似する工作物若しくは物件をみだりに設置してはならない。 3　何人も、交通の妨害となるような方法で物件をみだりに道路に置いてはならない。 4　何人も、次の各号に掲げる行為は、してはならない。 二　道路において、交通の妨害となるような方法で寝そべり、すわり、しやがみ、又は立ちどまつていること。
大阪府道路交通規則 第14条	法第76条第4項第7号の規定による道路における禁止行為は、次の各号に掲げるものとする。 (2)　交通の頻繁な道路において、たき火をすること。
廃棄物の処理及び清掃に関する法律 第十六条の二	何人も、次に掲げる方法による場合を除き、廃棄物を焼却してはならない。 三　公益上若しくは社会の慣習上やむを得ない廃棄物の焼却又は周辺地域の生活環境に与える影響が軽微である廃棄物の焼却として政令で定めるもの
廃棄物の処理及び清掃に関する法律施行令 第十四条	法第十六条の二第三号の政令で定める廃棄物の焼却は、次のとおりとする。 五　たき火その他日常生活を営む上で通常行われる廃棄物の焼却であつて軽微なもの
軽犯罪法 第一条	左の各号の一に該当する者は、これを拘留又は科料に処する。 九　相当の注意をしないで、建物、森林その他燃えるような物の附近で火をたき、又はガソリンその他引火し易い物の附近で火気を用いた者

そこで、私たちなりの法律上の解釈を伝え、その規定について確認を求めると、「職業は弁護士か？」と戸惑いを見せ、最終的には「ここは実は道路ではないから、道路に関する法律の解釈は当てはまらない」と嘘までついてくる始末でした。それぐらいに、「普段見かけない行為で、周辺の市民が1人でも疑義を示してきた行為」は指導して止めさせるべき対象だと捉えられていて、「警察

が指導すれば市民は大人しく引き下がる」と考えている警察官が多いのです。

通報した内容を精査して判断するのが警察の本来の役目であるべきはずが、はじめから止めさせることが目的になっているので、まともなやりとりができません。警察とこうしたやりとりを続けていると、次第に埒（らち）が明かなくなるので、最終的にはこちらが折れることになります。ただ、すぐに警察の言うことを聞くのではなく、多少面倒でも、相手の言い分も聞いた上で、こちらの考えを警察に伝えることは大切です。また、相手の言い分が本当に正しいのか、後から調べておけば、次回同じようなことがあってもきちんと対応策がとれます。

実現を左右するのは、法律よりも周囲の理解

こうした状況を考えると、私たちは、法律よりもむしろ通報されないことに気を回す必要があると言えます。まちでいろいろな行為をやり始めた当初は、どれだけ周りの人が肯定的に受け止めてくれたとしても、法律を犯してしまっていては規制の対象になると思っていたのですが、実際はその逆で、法律の問題以上に周りの人の目（＝通報）が行為の継続性に効いてくるということがわかってきました。

公共空間のルールは現認主義であるものが多いのですが、実際は現認していても、通報があって初めて動くものがほとんどです。裏を返せば、法律的にクリアできていない状態に対して行政がどの程度そのままにできるかは、周りの利害関係者の声の大きさによるところがあります。当事者同士で（利害関係者間で）話がついているのであれば、管理者やルールを介さずにうまく継続されているものが多いのです。

大屋雄裕はその著書『自由とは何か』（ちくま新書）の中で、当

友人は自宅の前で焼き餅を楽しんでいます

事者間の紛争解決のために起こされた民事訴訟をマスコミが騒ぎ立てて世論が生じ、当事者への手紙や電話などの申し出に発展、結果として原告・被告両方に裁判（法治）の取り下げを決断させる事態をもたらしたケースを紹介し、事態の方向性が法による統治よりも社会通念や道徳意識を優先する国民性に起因することを指摘しています。

友人が冬になると自宅の前で炭を起こして焼き芋や焼き餅を楽しんでいますが、法律上問題がない行為であることはもちろん、ご近所さんとの関係性が良好であるからこそ継続できています。

これまでまちでやってきた取り組みの中にも、行政手続きはとらなかったものの、事前に関係者への周知や理解を得て実現できたものがありました。

「水辺ナイト」は、大阪の河川の船着き場前の広場や歩行者専用の橋の上を会場に、バーやキッチンカー、ライブ、遊歩道のライトアップ、ミニクルージングなどを通じて、真夏の川べりでの夕涼みの魅力を体感する取り組みでした。広場も橋の上も公共空間

水辺ナイト

でしたが、占用許可をとらずに行っていました。

私たちは、「水辺ナイト」を2章で紹介した「水辺ランチ」の拡大版として位置づけ、主催者として会場を用意することはしませんでした。あくまでメール等で「一緒に夕涼みをしましょう」と呼びかけるだけにとどめ、アルコール類やフードの提供についても有志のカンパ制や、仲間内でのみ流通するチケット制にして営業行為とみなされないよう工夫しました。毎年、延べ300人以上が集まる「参加者が自発的に集まって楽しんでいる状況」という立て付けで2004年から2009年までの6年間、継続しました。

その時に気にかけていたのが、通報やクレームへの配慮でした。当時お付きあいのあった地域の方々には早いうちから説明をし、警察には当日の昼間に「夜に花見のような集まりをする」と伝えておき、問いあわせや通報があった際に電話越しにそのまま受け答えできる材料を提出しておくなど、関係者の理解に努めました。

こうした工夫の結果、幸いにもこれまで一度も当日に中断する事態を招くことはなく、最終的には、大阪の水辺の魅力を広く発

ゑびす男選び

信するための公民連携事業「水都大阪2009」の公式プログラムに位置づけられ、正式に許可を受けて実施されることとなりました。

「ゑびす男選び」は、大学時代に所属していたゼミが取り組んでいる地元商店街との協働による路上の駆けっこ大会です。大学に続く約250mの坂道を地域住民と大学生がともに走って競い福を取りあうという企画を通じて、通学路が辛いというイメージを変えること、学生と地元商店街の接点をつくることを目的とし、西宮戎（えびす）の開門行事になぞらえて、年明けの1月の早朝に毎年行われています。

「ゑびす男選び」は道路上で行われているのですが、初年度は道路使用許可を取得しないまま開催してしまいました。ただ幸いにも、町内会への説明や掲示板での事前告知をしていたことから、当日にクレームや通報を受ける事態にはなりませんでした。結果的に、実施の様子がテレビニュースに取り上げられたこともあり、「ゑびす男選び」を知った警察からお咎めを受けることにはなりましたが、町内会をはじめ自治体や大学に「ゑびす男選び」を好意的に受け止めてもらえていたことが功を奏し、次年度からは正式に道路使用許可を受けて開催することができるようになりました。

傍観者を通報者に変えてしまわないために

「傍観者が通報しようと思わない」「管理者が制止しようと思わない」ために、私たちは何ができるでしょうか？

PUBLIC HACKにおける実践者と、その周りの傍観者、その場所を司る管理者の立場は固定されておらず、私たちはその時々の状況に応じてこの三者の立場を行き来します。ある行為の傍観者は別の行為の実践者になります。管理者も職務を離れたら傍観者であり実践者です。普段このことを意識することはあまりなく、実践者・傍観者・管理者は、お互いに相手を自分の立場とは違う、利害の対立する人間と扱いがちです。

この思い違いが禁止行為を増やし、まちを窮屈にすることに加担してしまっているのです。傍観者・管理者の立場を想像できる

私たちはその時々で三者の立場を行き来している

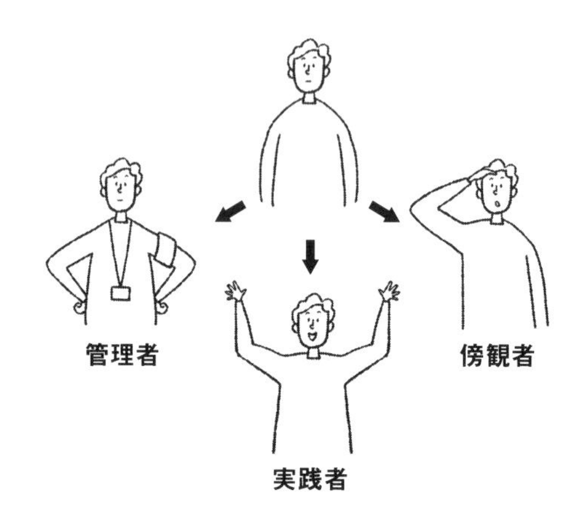

実践者が増えていくことによって、また傍観者・管理者が実践者としての当事者意識をもって振る舞えるようになることによって、まちをもっと私的に自由に使いやすくすることが、PUBLIC HACKの持続性を高める基本的な要件です。

実践者の行為が周りの人に受け容れられやすいかどうかを考える時の視点として、行為に備わる「社会性の高さ」が挙げられます。この「社会性」は二つに分解して考えることができます。

まず、人々の関与の深さによる「場所の社会性」があります。公共空間は誰にも開かれていますが、人々の関わり方が深い場所は「社会性が低い場所」、関わり方が浅い場所は「社会性が高い場所」と言え、社会性の高い場所の方が一般的には通報されにくいと考えられます。

たとえば、住宅地より商業地の方が社会性は高く、私有地に面した道路よりも私有地に面していない道路の方が社会性は高いと言えます。社会性が低い場所は、その沿道住民が「私の場所」だと考えている傾向が強く、公共空間とはいえ特定の人々に目をかけられているので、何かする場合は事前に彼らとの信頼関係を築く必要があります。社会性の低い場所は、よそ者にとっては使いにくいですが、その沿道住民なら問題になることは少ないので、通報される心配のない「わがまち」の公共空間をどんどん使っていくのも一つの方法です。

次に、社会への浸透具合による「行為の社会性」が挙げられます。たとえばピクニックのように誰もが見慣れている行為は「社会性が高い行為」、逆にほとんどの人にとってなじみのない行為は「社会性が低い行為」と言え、社会性の高い行為の方が一般的には通報されにくいと考えられます。

2章で紹介した「流しのこたつ」(p.52参照)は「こたつ」が日本人の老若男女になじみ深いという点で社会性が高い行為と言え

ますが、「スケートボーディング」（p.86参照）はその魅力に共感する層が限定されるため、現時点では社会性が低い行為と言えます。ストリートダンスは近年、中学校の保健体育の必修科目になるなど社会性が高まっています。この「社会性」をつかんだ上で、後で紹介するPUBLIC HACKの作法に配慮することが大切です。

ルールは私たちの手で更新できる

普段私たちはやっていいこと／いけないことの境界線がどこにあるかを特段に意識せず、漠然と「これ以上のことはやってはいけないだろう」と思い込みがちです。ルールを理解して、自分が果たしたいことを見極めることは、その境界線が自分の果たしたいことのもっと遠くにあることを再認識する作業と言えます。そして、その境界線もルールとして設定された可変性のある基準だと捉え、もっと遠くに追いやろうというモチベーションが起こります。そうして生活の可動域を広げていくことができるのです。

公共空間に対して定められているルールは、他の人に被害が及ばないかという「安全性の担保」と、独り占めや不公平による不利益が起こらないかという「秩序の維持」を目的としています。そのため、ルールを犯しても直ちに間違いなく悪影響が出るというわけではありません。信号無視、運転速度超過、立ち入り禁止エリアへの侵入、路上へのはみ出し、無許可営業…、私たちは毎日の中で知らず知らずのうちにルールを犯しながら、お咎めなく過ごせています。つまり、私たちには本質的に「都市に生きる権利」が備わっていて、その時々の課題に際して、一定の安全と秩序を保つために、その時々の価値観をもって「一時的に」制限しあっているのです。

法律は、人の手によってつくられたものです。今ある日本の法律も、その歴史はたかだか100年程度に過ぎません。法律を中心とするルールは、時代や地域、国によってその内容が異なり、その価値観や社会的な背景に沿って新たにつくられたり、改正されたりします。たとえば、人を殺したり怪我をさせたりするような、人道的に倫理的に例外なく「してはいけない」と認識されている行為でさえも、江戸時代には「仇討ち」という形でその権利が保障されていました。

法律や条例で具体的に明記されていなくても、現地の看板標示等で個別に定められているルールもあります。たとえば、今、大阪市の公園一帯で定められているボール遊びの禁止は、私が子どもの頃にはありませんでした。近くを人が通る時は遊びを中断し、ボールが他人の敷地に入った時は謝ってボールを取りに行ったりしていました。それが、「ボールが飛んできて危ない」「家が壊れる」「やかましい」と苦情が寄せられた結果、今ではボール遊びそのものが禁止されるようになりました。

昭和生まれの私たちが子どもの頃に当たり前のようにやっていたこと（ボール遊びや花火など）、童謡や昔話に出てきた行為（焚き火や振り売りなど）、目にしていたアニメやドラマのシーン（屋台のラーメンやおでんなど）が、現代の時勢の価値観に当てはめられてできなくなりました。

周りの人が良く思わず、トラブルにつながりかねかい行為は、頻発すると最終的には新たにルールとして禁止されます。2019年に路上での度重なる迷惑行為に対して、渋谷区がハロウィン期間中の路上飲酒を禁止する条例を制定したのは、まさに典型的なケースです。通報が重なったり、実際の被害が頻発してその場その場の現場対応だと間にあわない（効率的ではない）と判断されたりすると、「大抵の場合に問題がなくても中には良くないケースも起こるから、そもそもそんなことが起こらないよう一律に制

それぞれの動きが互いに影響しあっている

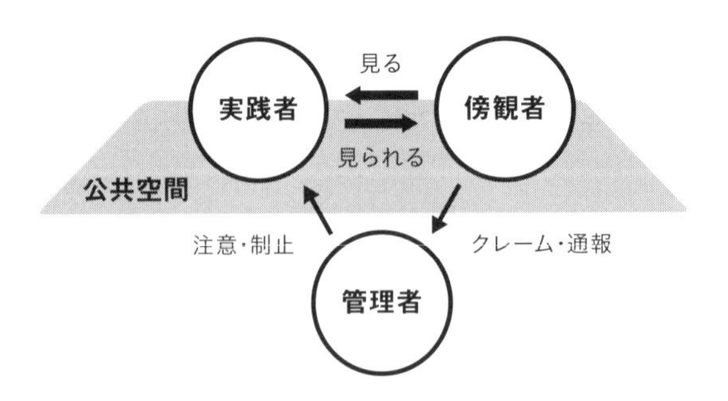

限してしまおう」という理屈でルールができるのです。ルールが地域によって異なるのは、こういう事情によります。

通報が引き起こす事態は想像以上に重大です。やりたいと思った行為が禁止されるのは、元を辿れば実践者である私たち自身も原因なのです。私たちの振る舞いがまずいこと、周りの人がそれを見逃せず通報すること、管理者が通報の内容を正義として取り扱うこと、これらの繰り返しが、当事者間のやりとりで保てていた秩序を放棄させ、ルールをつくらせるのです。

前述した通り、現在施行されているルールは、時代の変化に応じてつくられ改変されてきたもので、絶対的なものではありません。たとえば、Uberや民泊に代表されるシェアリングエコノミーは、その概念こそ社会に浸透しているものの、法律が追いついておらず、民泊に至っては違法な営業形態が増えている状況を規制するために住宅宿泊事業法が近年制定されました。

世界中でヴァンダリズム（破壊行為）とされて処罰の対象となっているストリートグラフィティも、バンクシーのように、アート作品として高く評価され、その一部が自治体によって保存されているものもあります。前述した「ゑびす男選び」も、今となっては各方面から評価されている取り組みですが、もともとはルールに則ってスタートしたわけではありませんでした。

ルールに定められたやっていいこと／やってはいけないことの境界線を奥へと押しやり、都市生活の可動域を広げるために、私たちはルールをきちんと認識し周囲の理解を得る努力を続けていかなくてはなりません。

PUBLIC HACKの作法

PUBLIC HACKの実現のために、私たちはどういう点に気をつけて、まちを私的に自由に使えばよいのでしょうか？　ここでは自分がその時間を楽しく過ごせて、周りの人に良い印象を生み、現場がうまく収まり、継続するための工夫について紹介します。PUBLIC HACKはその瞬間だけ達成されていればいいわけではありません。「将来にわたって持続可能である」という視点で、その作法を身につけることが求められます。

「私」と「私以外の誰か」の両方を意識する

公共空間を使う時、突き詰めればこの一文にすべてが凝縮されていると言えるほど本質的な視点です。当たり前ですが、公共空間は私有地ではありません。公共空間はみんなのものです。でも、この「みんな」の中には「私」が含まれておらず、むしろ「私以外」を指している場合が多いのです。そのため、「公共空間はみんなのもの」だから「勝手に使ってはいけない」と考えてしまいがちなのです。

公共空間を使う時には、「私」と「私以外」の両方の立場を意識することが大切です。この考え方は、哲学的用語で「自由の相互

「みんな」は「私」と「私以外」で構成される

承認」の原理と呼ばれます（苫野一徳『「自由」はいかに可能か』NHK出版）。

まず、私の場所なので、私が自由に使っていい、と同時に、私以外の誰かの場所でもあるので、その誰かが自由に使えるための配慮を行う必要がある。つまり、公共空間を自由に使う時に意識しないといけないのは「独り占め」であって、「勝手に使う」こと自体は何も悪いことではありません。

「私以外の誰かの場所」でもある、ということは、たとえば、何かしようと思った時に、先に誰かがその場所を使っている場合はその人を尊重して自分の行為を加減する必要があります。音を出そうとする時に、すぐ近くに寝ている人がいたら細心の注意を払わないといけませんし、場所を改める必要さえあるでしょう。逆に、後から誰かが来た時には、自分が先人であることを主張して他人を排除せずに受け入れるべきです。お互いに譲りあったり、摺りあわせたりして、当事者間でコミュニケーションをとることが大切なのです。

また、公共空間で何かをする場合、一度やってみた時の環境が理想的だったとしても、次に同じ環境が得られる保証はありません。その点において、こうした行為は「グレー」であると言えます。誰かを誘って準備をすると、ついつい「理想のイメージ通りにやりたい」と思い、「私たち以外の人にはいてほしくない」と思ってしまいます。そのような考えに陥らないよう、再現性が担保されていないことを十分に理解して、次善策を考えておく必要があります。

独自性よりも真似しやすさを重視する

その行為を見た人に好意的に捉えてもらうことはもちろん、自分もやってみたいと思ってもらえて、真似できそうと思ってもらえることは、PUBLIC HACKの広がりを考える上で大切です。そのためには、その人しかできない、つくりこんだ独自性よりも、シンプルで簡単で、他の人が手を加えてカスタマイズできることが求められます。思い立ったらすぐできる「気軽さ」、簡単に設置・撤収ができる「手軽さ」、荷物が少ない「身軽さ」を意識してみてください。

2章で紹介した「チェアリング」(p.46参照)は、安価な折り畳み椅子をまちの好きなところにおいて座るだけです。誰でも思い立ったらすぐできる気軽さがある割に非常に高い体験効果が得られます。日本チェアリング協会の影響もあり、日本の各地でチェアリングを行う個人が増えています。

「くにたち0円ショップ」(p.54参照)は、不用品を持って集まるだけ。それだけのことで、道行く人が立ち止まり、会話し、憩う広場が生まれます。今や国立市以外にも立川や蒲田、肥後大津など全国に0円ショップの輪が広がっています。

「クランピング」(p.58参照)をやっていると、通りすがりの人からどういうしくみになっているのか聞かれることがあります。ホームセンターで買い揃えるものだけで簡単に組み立てていることがわかると、みんな得心が行ったような表情になります。

センスある振る舞いを心掛ける

アウトドアギアのような過酷な環境に耐えられるハイスペックなものは不要ですが、一時的な行為だからといって間にあわせで済ますのではなくて、意識して道具を選びたいところです。

「水辺ダイナー」(p.44参照)は、屋外でとる「ディナー」なので、単に飲み食いができれば何でもいいわけではありません。食器類は使い捨てのプラスチックや紙容器ではなく、磁器、陶器、ガラスや木製のものにし、食事に応じてフォークやナイフも準備して、テーブルの上にはクロスを敷きます。それだけでガラッと雰囲気が変わります。何より参加者のテンションが上がります。周りからも「きちんとしている」ように見られます。

その逆に、いくら楽しいからといって、やりすぎて羽目を外さないように律することも必要です。特に泥酔しないように心がけたいところです。酔っぱらうと、前述の「私以外の誰か」に対す

水辺ダイナーを行う時に使う道具

る意識が極端に落ちます。日本では路上飲酒が許されていますが、カナダやスペイン、オーストラリアなど、路上での飲酒が禁止されている国の方が多いくらいです。自らの行為が引き金になって路上飲酒を禁止するルールがつくられないよう、路上飲酒文化を大切に守っていきたいものです。

イベントにしようと思わない

イベントを開催するかのようなモチベーションで取り組むのは大変です。参加した人が結果的にイベントとして認識するのならまだしも、企画した人がイベントとして考える必要はありません。普段の生活の延長にあるものとして、こじんまり実施する、何なら1人でもやるぐらいの気構えで準備をしましょう。その上で、楽しんでもらえそうな人にも手の届く範囲でオープンにするというスタンスで告知すれば、気が楽です。

イベントとして捉えてしまうと、集客を意識してしまい、「告知のためにウェブサイトをつくらないと」とか、「雨が降った時のためにイベント保険に入らないと」とか、「場所がわからない人のためにアクセスマップや案内をつくらないと」とか、負担がどんどん増えていきます。

広げること、たくさん参加すること、話題を呼ぶこと、第三者に評価してもらうことは、私たちの承認欲求を刺激します。物事を大きく広げることは良いことだと思いがちですが、それは副次的な効果であって目的にする必要はありません。

「人に楽しんでもらう」ことと「自分が楽しいことを人と一緒に楽しむ」ことは、まったく違います。人に楽しんでもらうことに始終すると、結局自分が楽しめなくなってしまいます。PUBLIC HACKで大事なのは、1回限りの打ち上げ花火を上げるのではなく、その行為が続いていくことです。「私」という一市民が満足できて、またやりたいと続けられる。その満足が結果的に周りにも浸透していく。それだけで十分素晴らしいことなのです。

準備万端でのぞまなくていい

山間地などまちなかから離れた場所でアウトドアを楽しむ場合は、コンパクトで高性能なアウトドアギアを自分たちですべて事前に整える必要があります。

しかし、まちなかであれば、自分ですべての装備を用意する必要はありません。フードやドリンクは、コンビニやスーパーから調達すればよく、食品雑貨店や酒屋が近くにあればこだわりの逸品も手に入ります。出前や宅配ピザ、Uber Eatsなどのデリバリーサービスも便利です。夜間であれば照明が必要ですが、うまく場所取りすることで街灯やビルの窓から漏れる光を分けてもらうことができます。長く滞在する時は近くの利用可能なトイレを押さえておくとよいでしょう。

こうした施設を「まちを楽しむためのインフラ」として使いこなすことができるのが、まちなかの醍醐味です。

コスパに配慮する

いざやってみた結果、大げさになってしまい却って疲れてしまって「こんなことなら店を使った方がよかった」と思ってしまうようでは元も子もありません。簡単なわりに最大限楽しくなるよう工夫できることが一番ですが、それでも準備が大変になる場合は、その分、満足度を高められるよう配慮することが大切です。

私的に自由に使う行為には、お金がかからないこと、気軽であること、開放感があること、友達を誘いやすいこと等のメリットがある一方で、天候に左右されたり、場所取りができなかったり、自分たちで準備する手間が増えたりするというデメリットもあります。

自前でやるメリット・デメリット

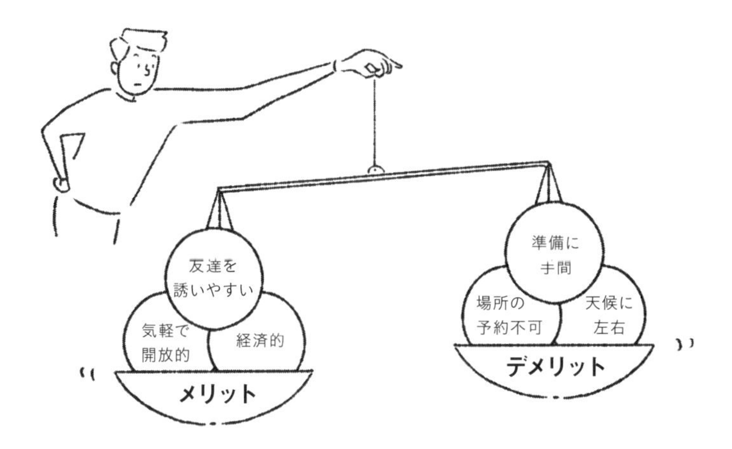

大切なのは、またやりたいと思えること。そのためには、その行為の全体的なコストパフォーマンスに配慮し、メリットがデメリットを上回るようにしたいものです。

コスパが高いと一緒に行った友人から「またやろう！」という声があがります。こうした盛り上がりはその行為を続ける原動力になりますが、忘れてはいけないのは、やりたいと思い立った本人のコスパが大切だということです。

周りの人からの見られ方に気を配る

まちで何らかの行為を目撃した時、周りに迷惑がかかっていなくても、そのまま放っておけなく感じてしまうと「止めさせよう」という気が起こり、行政や警察に通報する、という事態になります。

通報されないために、どういう印象を持ってもらえばいいのでしょうか。周りの人が私たちを見て、その状況を自分なりにどう収められるかを、その場所や行為の社会性をイメージしながら具体的に考えることが大切です。

2章で紹介したパリッコさん（p.47参照）は、チェアリングでは「マナーやエチケットや立ち振る舞い」に配慮し、「市井の人々に威圧感を与えない」ことを心得るようにしています。

納得感を感じてもらう

ある行為を見かけた人が「なぜそこでそれをしているか」を納得できるかどうかという視点です。

年の暮れのある日の路上で、エプロンを着けて鉢巻を巻いた小料理屋さんの大将が、藁でカツオを焼いていました。見るからに「これは夜の仕込みを店の軒先でしているんだな」とわかる様子でした。藁から出る煙の量はすごかったのに、周りの人が迷惑がることもなければ、警察が来ることもありませんでした。

このような状況を、「流しのこたつ」の奥井希さんは、「見た人が自分勝手に思い込めるわかりやすさ」だと表現しています。流しのこたつの傍らに置かれている黒板に「【流し】としてこたつを

店先でカツオの藁焼きを調理している

流しのこたつの黒板

置いている」「誰でもこたつに入れる」という趣旨を標示しているのは、その「わかりやすさ」を補強している仕掛けです。

手慣れ感を出す

他の人たちに迷惑や被害が及ぶかもしれないと感じると、放っておけなくなるのが人の常です。周りの人を心配させない工夫の一つとして、「手慣れていて要領を得ているから心配ない」と思ってもらえる必要があります。そのためには、整頓をして、予防措置を図って周囲に配慮していることを示すことが大切です。

たとえば飲食をする時は、空の容器をその辺に置いておくと、「そのままゴミを放置されるのでは」という懸念を生む火種になります。空になったらその都度片づけて、周りの人が安心して見ていられるための配慮が求められます。

場所への関与を高める

その場所に対して責任を負っている人がやっていれば、それ以外の人から苦情を言われることは少なくなります。たとえば、町内会や商店組合の人たちが自分の町内や商店街で何かやっていても、誰も何も文句を言いません。組織に限らず個人でも同じです。自宅の軒先に自転車を停めていても、椅子を出して夕涼みをしていても、問題になることはありません。自分よりその場所に関与している人が使っていれば、何者なのかがわかれば、「何が起こっても心配ない。その人に任せよう」という気になります。

行儀良く丁寧に振る舞う

行儀良く丁寧な振る舞いを心がけることも重要です。外で過ごすことは、しばしばお金を払って然るべき商品やサービスを得ることができない時の消極的選択として見られがちです。そんなフィルターがかかった状態で行為を見られると、普通に行為をしていてもちょっとした振る舞いが行儀が悪くだらしないと受け取られ誤解を生みかねません。

不公平感・疎外感を抱かせない

楽しそうだな、やってみたいな、真似したいなと周りの人から思ってもらえるのは不可欠ですが、度が過ぎると「あいつらだけが楽しんでいる、ずるい」といった不公平感や、まったく知らない他人であっても「のけ者にされている」という疎外感を抱かせてしまいます。

「流しのこたつ」では、奥井さんは周りの人に対して積極的に声をかけ、こたつに招き入れています。「くにたち0円ショップ」でも、商品に目が向いた人に対して「無料ですよ」と声をかけています。目があったら会釈をする、余裕があれば声をかける、目に見えるところに参加自由であることを掲示する。その行為を満喫しつつも「使わせてもらっている」という謙虚さを持って、ささやかでも他者とやりとりを試みること、他人の興味を受け入れる姿勢があることを示すことが大切です。

トレーニングしてみよう

私たちはまちに暮らす毎日のなかで、当たり前のように行動してしまっていることに気づかないままでいます。まちを私的に自由に使うことはそれらのルーティンから外れることでもあります。同じ「自由」でも、「人から与えられる自由」に無意識に甘んじるのではなく、「自ら身につける自由」の領域を広げることが大切です。

都市との距離感をつかむ

東京に拠点を置く「mi-ri meter(ミリメーター)」というユニットがいます。宮口明子さんと笠置秀紀さんが2000年に活動をスタートさせたmi-ri meterは、都市空間をフィールドに、リサーチ、実践、プラニング、デザインの分野で、1人1人が都市に関わり、都市との距離を近づける感覚を養うためのプログラムを展開しています。

「URBANING_U 都市の学校」のワークの一つ、「まちに自分の定点を決め、掃除をする」

その一つが2017年に立ち上げた「URBANING_U　都市の学校」という実践形式のエクササイズ・プログラムです。参加者は「まちに自分の定点を決め、掃除をする」「普段登らない場所に登り、通らない場所を通る」「自分の持ち物をまちにそっと置いてくる」「百均グッズでまちと戯れる」「テプラでまちにボミングする」などのワークを1人で、あるいは複数でこなします。

mi-ri meterは、このプログラムを通じて、「都市空間に対するリテラシーを醸成し、内側から自己組織的に都市をつくりだすこと」を目指しています。プログラムの参加者は体になじむほどに足しげく通る、注目する、手入れする、想いを馳せる、触ってみる、とどまってみるといういろいろなアクションを通じて、都市にどう相対するか、都市との距離をどう測るかを肌感覚として身につけます。

小さく始めてみる

まちを私的に自由に使う行為の中でも、比較的ハードルの低いものからチャレンジしてみましょう。

ここでは、まちを観察しているなかで見つけた行為を紹介します。2章で紹介した実践者の事例のように、何か考えをもってまちを使いこなしているわけではなく、彼らは無意識のうちに私的に自由にまちを使っているのです。まさにPUBLIC HACKを地で行く人たちです。

電柱のトランスをテーブル代わりにする

道路の植栽の脇に緑色や茶色の四角い大きな金属の箱が飛び飛びに置かれていることがあります。これは、地中化された電線の電圧を変えたり電流を振り分けたりするための地上機器（トランス）です。このトランスは腰の高さよりも少し高いので、立ったまま物を置くのにちょうどいいのです。

トランスで立ち飲みをしている男性グループ

時々、若者のグループがこのトランスの上に近くのコンビニで買った酒やおつまみを置いて飲んでいる姿を見かけることがあります。飲食に限らず、パソコンを広げて簡単な作業をすることもできます。まちに設置された設備を少しの間だけ拝借してうまく自分の道具として使う工夫の一つです。

テーブルゲームで盛り上がる

公園などで、年配の人が集まって囲碁や将棋をしている風景を見かけます。大阪の天王寺の駅前でもサークル的な集まりになっているのか、複数の将棋盤が転々と置かれていて、白熱した対戦風景をたくさんの取り巻きが見守っています。大阪城公園ではテーブルに牌を広げて麻雀に興じるという遊び達者なグループもいます。

ジェンガを公園の舗装面でやったことがあります。直方体のパーツでつくったタワーから崩さないように一片を抜き取り、最上段に積みあげていくジェンガは、その緊張感や盛り上がりが周囲に伝わりやすく、飛び入り参加も誘発します。

階段に腰を下ろして将棋を楽しむ2人組

屋外で行うテーブルゲームはその道具さえあればどこでもできますし、人の家に上がり込むよりも気を遣いませんし、止めるタイミングも図りやすいという利点があります。2人用の遊びなら並んで座れるスペースさえあればできます。

読書は屋外のリビングルームで

朝、大阪城公園の堀に向かって新聞を両手一杯に広げている男性がいました。男性はまるで自宅の居間にいるかのような普段着で石段に腰を下ろして新聞を眺めていました。自宅に配達された新聞を、家で読まずに、わざわざ公園に持ち込んで読むのが、彼にとってきっと気持ちがよいのです。

仕切りを越える

まちなかのスペースの「端っこ」には柵や壁があります。そこから先に行くことを制止するためのものです。普段私たちはそれに従って仕切りの内側にいることが正しいと認識しています。で

公園で新聞を広げる友人

も、その奥は本当に一般人が入ってはいけない領域なのでしょうか？　危険な場所なのでしょうか？

もしかしたら、スペースの管理者が自身の責任範囲を明確化するために仕切りを設置したのかもしれません。何かあった時に責任を免れるための注意喚起でしかないのかもしれません。管理者は私たちが考えているより「気軽に」いろんなことを禁止します。仕切りは無言の抑止力になり、私たちはついついその奥へ行かないよう察してしまいます。

私がまだPUBLIC HACKの要領を得ていない頃、2章で紹介した「大阪ラブボート」(p.72参照)に取り組もうとして「川沿いの柵を越えて、川にボートを浮かべて乗り込んでいいか」と行政に不用意に確認してしまったことがありました。その時、窓口担当者から受けたコメントは一言のみ。「管理者の立場としては、柵や側壁などの施設を棄損されるのは困ります」という的確なものでした。柵を越えていいかどうかは制限していないし、行政側が答えてお墨付きを与えるものではないという見解が暗に示された

柵を傷つけないように着水

のでした。

そこで、「自分の始末としてできる」という整理のもと、柵をまたいでボートを浮かべて「大阪ラブボート」を実施しました。「水辺ランチ」（p.40参照）も同じエリアでよく行っていました。水際に腰を下ろしてランチを楽しむために柵を越える必要があったのですが、柵を傷つけないように自分たちで踏み段を置いて柵を越えやすく工夫していました。

私たちは、ルールを過剰に恐れて我慢しながら過ごす必要もなければ、やりたいことを果たすためにルールを破る必要もありません。ルールを読み込み、ルールに寄り添うことで、やりたいことは「問題なく」実現できます。一方で、ルールに興味のない他の人の目には、私たちの行為はルールを破っているように映る、という点に配慮することも大切です。

普段の生活の中で少しだけ意識と行動をずらしてみることで、都市生活の可動域はぐっと広がります。

Chapter 4

利用者の自由を広げるマネジメント

2章と3章では、実践者の立場から、まちを私的に自由に使う方法について紹介しました。この章では、公共空間の管理者の立場から、PUBLIC HACKを支えるための視点と実例について取り上げます。

公民連携が抱える構造的課題

これまで公共空間は行政が管理運営してきましたが、現在は公民連携による民間事業者の参画が強力に推進されています。民間事業者は利益を最大化することが命題です。公民連携の導入は、そうした民間事業者が持つ利益を最大化するノウハウを公共空間の管理運営に適用することで、行政の財政負担が軽減され管理運営の合理化が図られるという考え方に基づいています。

公園などは施設単位で、道路などは区画単位で公民連携が図られると、その結果として、殺風景だった空間におしゃれなカフェができたり、芝生が整備されたり、バナーフラッグによる景観演出が図られたり、週末にはイベントが開催されたりして、寂れた公共空間が安全で明るい場所に変わります。利用者が増えて賑わい創出にもつながります。こうした公共空間の多くが、成功した事例として評価されています。

しかし、公民連携によって脚光を浴びるようになった公共空間をなぜか窮屈に感じたり、公共空間が集客施設や商業空間に変わってしまったように感じたりして、自分の場所だと思えなくなってしまうことがあります。

なぜ、以前より良くなっているはずなのに、こんな気分になってしまうのでしょうか？

なぜ、公民連携を導入すると、このタイプの改善しか起こらないのでしょうか？

公民連携の構造を紐解きながら、これらの疑問について考えてみましょう。

新しい公益性の台頭

公共空間が私有地と違うのは、その管理運営の方針や判断が、管理者の裁量だけでなく「みんなにとっての利益につながるべき」という公益性の観点をもってなされているところです。

「みんなにとっての利益」として一番わかりやすいのは、「誰でも使用できる」ということです。その考え方に則って、これまでは、特定の利用者層にターゲットを絞った「偏った管理運営」は良しとされず、「誰でも使用できる」ために際立った魅力づけは行われず、それが結果的に「誰にも使われない」という状況を招いてしまっていました。

この状況に対して、「誰にも使われない」よりも「誰かに使われる」方が優れているという公益性の新たな解釈が加わり、市場のニーズを汲み取った管理運営が採用されるようになりました。

そもそも民間事業者が、「誰にも使われない」公共空間を目にした時、それを事業化の機会を損失していると捉えます。つまり公共空間における施設整備や店舗運営、イベント実施による集客が進み、それによって賑わいが生まれ、行政の収益増やまちのブランディングにつながれば、たとえそれが偏った客層に向けた取り組みであっても、まわりまわって「みんなにとっての利益」、つまり「公益性」が向上したと評価されるのです。結果、もっと民間事業者に権限を委譲して活用を推進し、賑わいを生むべきだという考え方が成り立ちます。

「公共空間は基本的に自由な空間であり、だからこそもっと市民1人1人が私的に自由に使えるべきだ」という前提に則って、市

「みんなにとっての利益」の二つの考え方

PUBLICK HACK的考え方
「公共空間は自由な空間だ」

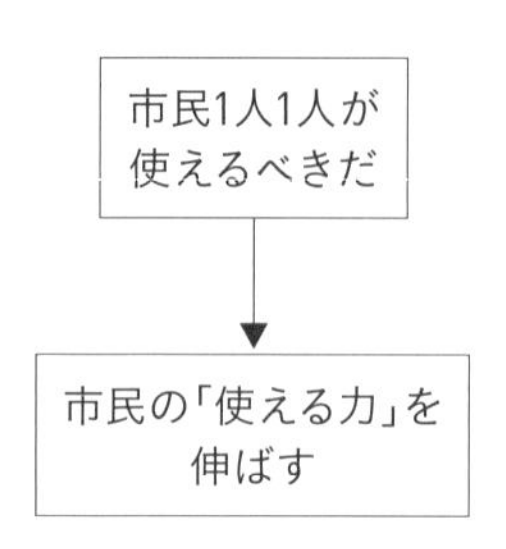

公共空間はみんなにとっての利益につながるべき

現在主流となっている考え方
「公共空間は低未利用状態だ」

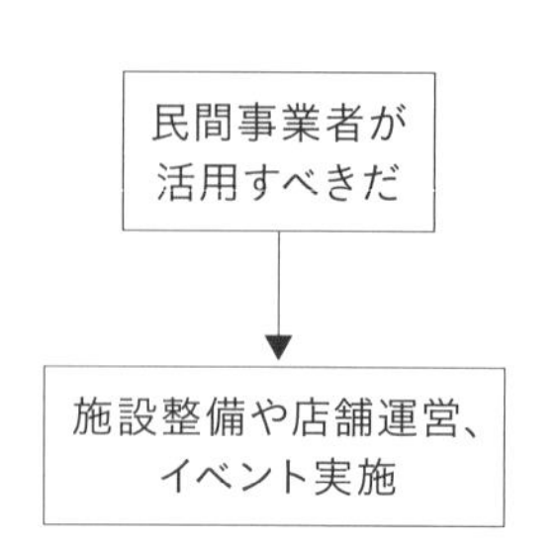

民が使える力を伸ばし、また使いたいと思える環境を育てることに取り組むという発想は、現在の公共空間活用の主流にはありません。

いつでも遊びにこれた公園に入場料の必要なプレイランドが整備されたり、ピクニックをするのに最適だった場所でカフェやレストランの営業が始まったり、ゆっくりと過ごせる季節の良い時期に芝生広場で有料イベントが行われたりします。行政の財政難、集客を軸とした都市間競争の激化により、現在はこういった公共空間の活用が強く推進されています。

公民連携が商業活用となる構造的必然性

公民連携の「連携」とは何なのでしょうか。現状を踏まえて表現するなら、管理運営を直営していた行政の担当部門と対象となる公共空間との間に民間事業者が入り込み、管理運営の改善・合理化を得意な人に任せて実現するという「代行」だと言えます。

「民」にとっては新たな事業機会になるとともに、公共空間の活

公民連携を導入する前

性化によって地域全体の活力が高まり、地域経済の底上げにつながるというメリットがあります。

「公」にとっては、より合理的できめ細やかな施設の管理運営が実現することに加え、地域の活力が高まることで税収等の収入増をもたらし、まちのブランディングにもつながります。

公民連携では、国際競争力の強化や都市再生・地方創生を推進するべく、地域の経済活動の活性化、地域力の強化が目標の中心に据えられています。そのため、公民連携の旗振り役は、事業活動を推進する経済振興部門であったり、大規模建築・土木構造物の整備を司る都市計画部門であったりします。経済活性化やまちの不動産価値の向上がこれらの部門のミッションです。さらに、この財政難の状況下では、こうした窓口部門の背後には財政部門や管財部門が控えていて、財政状況の改善が行政としての命題となっています。連携時の取り決めによっては、もともと公共空間の管理運営に充てていた支出を減らすことも、場合によっては収益化までもが可能になります。

このように、公民連携は「公」と「民」のどちらにとってもメリットになるのです。

公民連携の「民」は主に民間事業者を指していますが、もう一つの「民」、つまり公共空間が担保すべき公共サービスの受け手である「市民」は現在の公民連携の枠組みには登場しません。市民は公民連携事業におけるマーケットであり「参加者数」「売り

公民連携の導入によるメリット

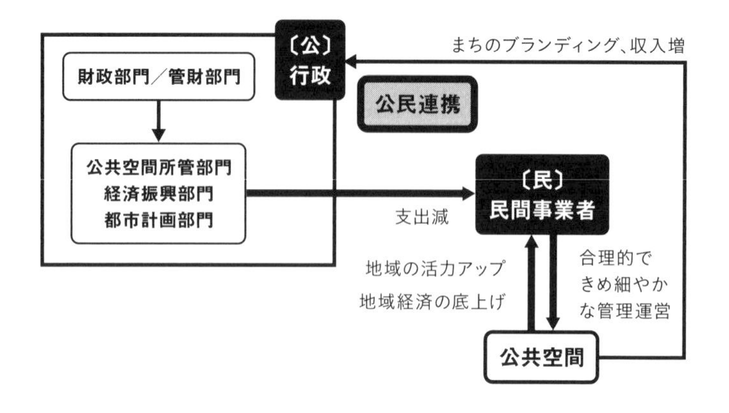

上げ」「満足度」という成果を統計処理し、評価する指標として取り扱われます。さらに言うと、民間事業者による特色ある公共空間の管理運営が展開されることによって、一部の市民が公共サービスの蚊帳の外に追いやられる事態も生じます。

こうした構造を持つ公民連携では、目に見える確定的な収益改善が優先され、結果的に市民がどういう利益を享受するかという長期的な質的価値はどうしても劣後してしまいます。公民連携の舞台に、市民の生活を保障する市民生活部門や福祉部門といった部門が登場することはめったにありません。

公民連携では、行政が公共空間の管理を直営していた時に確保していた予算を民間事業者に充てるケースばかりではなく、逆に民間事業者に対して借地や占用という形で公共空間の管理運営を移管し、借地代や占用料として行政が収入を得るケースもあります。そうなると、業務を引き継いだ民間事業者は別途管理運営の

もう一つの「民」である市民はあまり登場しない

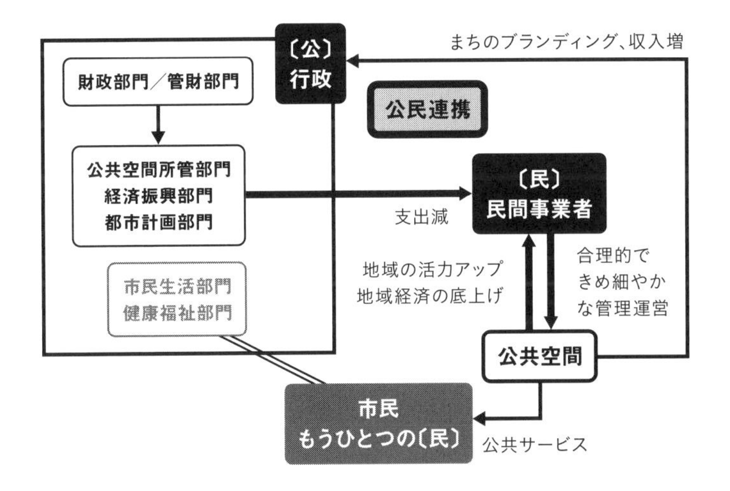

ための予算を確保する必要が生じます。そして、民間事業者が公共空間を事業用地として活用することが必然化されるわけです。

不動産事業では土地を遊ばせることは最もあってはならないこととされています。民間事業者が事業に取り組む限り、経済価値に反映されない成果を目指すことはありえません。利益を上げることをないがしろにすることはできず、場所貸しをしたり、店を誘致したり、イベントで集客したりと、公共空間は経済活動の舞台に変わるのです。

お金を持たず経済活動に貢献しない一部の市民が公共空間に訪れなくなっても、事業上、大きな影響はありません。そうした市民が減ろうとも、経済力のある市民や観光客がたくさん訪れてお金を落としてくれた方が、結果が数字に表れて取り組みは評価されるのです。こうして、幅広い市民への公共サービスの水準を高める取り組みは、構造上起こらなくなります。

公民連携における行政の役割

公民連携は元を辿れば、行政による直営の管理に対して、民間事業者がその一翼を担った方が費用対効果が高いことがその狙いだったはずです。同じ予算でより高い効用が得られても評価されるべきでしょうし、同じ効用をより少ない予算で得られても評価されるべきです。要は、公民連携導入前よりも少しでも良くなったと言えれば評価されるべきだったはずです。

ところが、今の議論の中心は、公民連携による「公共空間の管理運営事業の収益化」です。民間事業者が行う営利事業と行政が行う公共事業は、一部の融通はできても、基本的に相容れないものです。そもそも民間事業者が担えないことを行政が公共事業として行うという原則があるからです。行政の役割はそこにあります。

公民連携を導入さえすれば、民間事業者がうまくやってくれるという短絡的な展望では大きな過ちを導きかねません。たとえば、公民連携の目的を地域活性化に設定して、民間事業者がそれを実現してくれることを期待したところで、利益化が必要条件となっている民間事業者にとって、地域活性化は望むべき結果ではあっても目的そのものに据えることは容易ではありません。かといって、地域活性化を促すためにさまざまな条件を課すと、民間事業者の参画意欲を削いでしまいます。

公民連携がうまくいっているまちは、行政がきちんと理念を持って枠組みをつくり、公民連携における行政と民間事業者の役割分担を明確にしています。好事例として、札幌市北3条広場（通称アカプラ）が挙げられます。管理者である札幌駅前通まちづくり株式会社が運用している広場の「利用の手引き」は、札幌市が定めた条例および広場の活用コンセプトを踏襲したものになっています。広場の外部利用においては、稼働率よりもその質が重視されており、風格ある広場の景観と調和した企画が実施されています。

札幌市北3条広場

公民連携の成果の測り方

公民連携を通じて使われていない公共空間を何とか良くしようとする時、民間事業者は空間を改修したり新たな設備や機能を加えたりして、公共空間の姿を変える事業を行いますが、啓蒙、教育、発信といった人に直接働きかけて公共空間の利用者の意識やライフスタイルを変えるような、成果が見えにくいことに取り組むことは稀です。空間や機能を変える取り組みは、変えてしまうことそのものが成果になりますが、人々の意識やライフスタイルを変えても成果の顕在化が容易ではないからです。

今、公共空間では管理運営だけを対象に公民連携が導入されることは少なく、空間の改修や再整備が付随している場合がほとんどなのもこのためです。こういう公民連携の下では、市民がまちを私的に自由に使う状況を広げる、言わば「消極的な」管理運営を前提とした民間事業者の参画はなかなか進みません。

公共空間のコモディティ化

行政が担っていた公共空間の管理運営に、民間事業者が参画して付加価値化を図る。このことは、今までできなかったことをで

使い方を変える取り組みは成果が顕在化されにくい

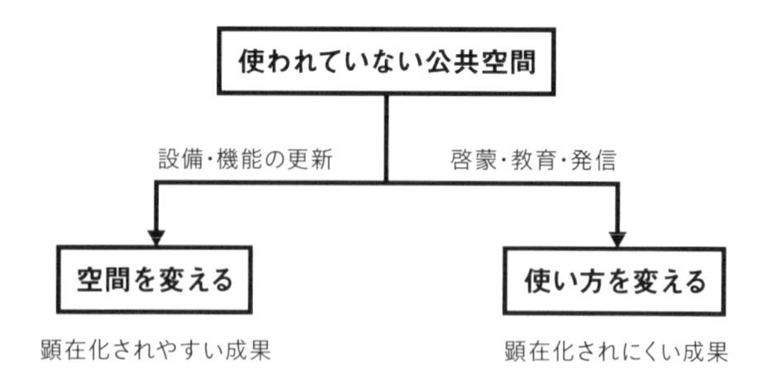

きるようにするという意味で素晴らしいブレイクスルーです。

たとえば、路上でオープンカフェができる特例制度は、本来道路の活用条件だった「無余地性」の基準を不要としたという点で素晴らしいブレイクスルーです。しかし、利用者は、私有地であろうと公有地であろうと、気持ちのいい環境でコーヒーを飲めればよいので、これまで路上でできなかったことができるようになったというだけでは、その店を利用しようとは思いません。

そもそも屋外にある公共空間は私有地に整備された室内空間よりもスペックの点で劣ります。室内は空調や衛生管理も万全です。エネルギー供給や給排水設備も整っています。それに対して公共空間は気温や天候の影響を常に受けますし、衛生管理も簡単ではありません。道路の騒音など環境悪化も自分たちだけで改善することはできません。

公共空間は主催者側の裁量でコントロールできないリスクが多く、ロケーションや眺望、歩行者ネットワーク上の立地特性、運営施設との近接性などの有益な特質がないと、行政協議までして公共空間を活用するメリットはありません。

私有地では得られない圧倒的なメリットがあってこそ、民間事

私有地に設けられたオープンカフェのテラス席

業者の管理運営に基づく公共空間の活用が意味のあるものになります。行政は、数あるなかから、どの公共空間をどう事業化すべきか判断する力を持つ必要があります。それぞれの公共空間のポテンシャルを診断した上で、公民連携の本来の目標を設定しなくてはなりません。

公民連携を導入しさえすれば、費用縮小、収益化を図れるわけではないですし、そのために本来、公共空間が果たすべきだった役割を放棄してまで、賑わいという公益性のもとに収益化を是としてしまうと、私有地の商業空間と変わりばえしない空間ができあがるだけです。

賑わいを重視し収益化を是としたフレームでの公民連携の事例が積み重なると、取り組みのマンネリ化と民間事業者の疲弊を招きます。空間的に制約があり、十分な設備が整っておらず、行政の関与が残る公共空間では、賑わいづくりで実施可能なコンテンツは限定的になります。公共空間の利害関係者である市民は広範囲に及びます。また、安全確保の視点や実施に必要な設備の手配において必要になる経費は、私有地で同じコンテンツを実施するよりも膨らむ傾向にあります。そうなると、賑わいづくりとして展開するコンテンツの実施は数を重ねるごとに困難になってきます。
　すべての公共空間が広域集客可能なポテンシャルを持っているわけでは当然ありません。通常、集客するターゲットは商圏人口と重なるわけですが、商圏人口には限りがあります。その一方で、各地で公民連携が進み活用可能な公共空間の数が増えていくと、コンテンツもターゲットも増えないのに媒体となる場所だけが増えていくことになり、集客合戦は早晩行き詰まります。そして公共空間の「コモディティ化」が進みます。

これからの公共空間マネジメント

　ここでは、PUBLIC HACKをどう支えるか、という視点で公共空間マネジメントの現在地を確認し、次のフェーズに進むためのヒントを探ります。

予定調和で大人しい公共空間が生まれる背景

　もともと、公共空間マネジメントは、空間をきれいに保ち、設備を保全し、危険を取り除いて安全性を確保する「維持管理」としての性格が強いものでした。公共空間にあらかじめ付与されている機能を十分に果たすことが至上命題であって、新たな機能を付与するための企画行為は必要ありませんでした。そこに「積極的に活用して、人を呼び込み賑わいを生みだす」という「運営」の視点が加わった「管理運営」が現在の公共空間マネジメントの本流です。
　公共空間マネジメントを民間事業者が担う場合、維持管理業務はマネジメントのベースとなります。維持管理は、設備点検・保

階層的な指示系統

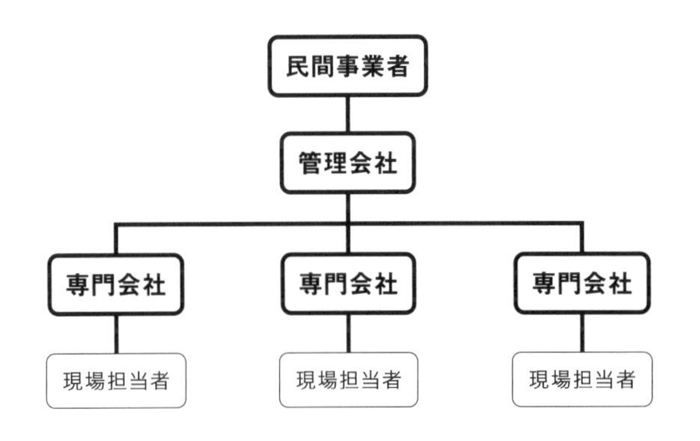

全、植栽管理、清掃、巡回警備などによって、公共空間を一定の水準に保つことを意味しますが、これらの業務の多くは専門会社に委託されます。特に業務規模が大きくなると、行政から管理運営を任された民間事業者が管理会社に一括発注し、そこから管理会社が各専門会社にそれぞれの業務を発注し、専門会社が現場担当者を配置する、という階層的な指示系統が生まれます。

そうなると、発注者である民間事業者の担当者と現場担当者との間にいくつもの組織・人が入り込むことになるので、現場担当者がどんな業務にどう当たるかに関する仕様書が作成されることになります。つまり、現場担当者が民間事業者の担当者と密にやりとりすることは少なくなり、かつ、状況に応じて自己の責任で判断するという柔軟な運用がとりにくくなります。こうして、現場担当者は、理想とする公共空間を実現することではなく、仕様書に従った業務を執行することを優先することになります。実際に問題がないことや些細なことも、それが仕様書で規定されていれば一律に適用することになります。

仕様書にはきっちりと業務の内容が記載されているので、現場担当者は空間のすべてに目を行き届かせます。専門会社の専門性はここに発揮されるわけです。さらに、目が行き届いてしまうことによって、仕様書に記載されていないことでさえも、判断に迷う時には行為を制限するような運用になります。つまり、私有地に整備された施設を維持管理するのと同じノウハウを公共空間に当てはめがちになります。公民連携の場合は行政への業務の報告義務があるのでさらに厳正な維持管理が遂行され、現場担当者はリスクを可能な限りなくそうとするようになります。

そうして、予測できないことやルールから少しはみだしたことが何も起きない予定調和で大人しい公共空間が生まれます。そんな公共空間にはスキがなくなり、まちはどんどん施設空間化していきます。

行政との契約や許認可によって民間事業者が公共空間のマネジメントに参画する際、その理念を行政から引き継ぐ機会はあまりありません。「不測の事態が起こった時に、どのようにして公共空間としての性質を担保するか」についてまで共有は図られませんし、行政が民間事業者に対して常時ガバナンスを効かせるのは現実的に無理があります。

公共空間マネジメントで民間事業者に過度の管理者責任が問われてしまうと、予防を前提とした管理運営がなされ、現場は高度なノウハウをもって緻密なマネジメントが徹底されます。施設と同じ発想でまちをコントロールしてしまうと、却ってまちらしさを失ってしまいます。

実際のまちでは、それぞれの登場人物がいろいろな方向を向いて活動をしています。小競りあいも起きれば、マイペースで営業を続けている店もあれば、ただまちを歩いているだけの人もいます。そういう地域の経済活性化に直接寄与しなさそうな存在でも、まちは受け容れてくれるから、人々はまちに自分の居場所を見つけられるのです。

一方、施設では、来街者は軒並み同じ行動が求められます。どの動線を選んで、どんな店に立ち寄って、何を購入して…、というのがあらかじめ予測され、そう行動するようにコントロールされます。

大規模なエリア開発が行われる際には「まち」が整備されますが、できあがった建物・空間だけでは「まち」にはなりません。そこに人の営みが起こること、さらには私的で自由な行為が起こることが重要なのです。

自分事としてまちの面倒をみるのは誰か

公民連携の制度を取り入れなくても、地域によって市民の有志が管理者を当てにせずに自ら軒先の道路の掃除をしたり、公道の花壇を手入れしたり、まちの面倒を自分たちでみてきました。つまり、意識を持った市民が自発的に公共空間の管理運営を補完してきたのです。

しかし、公民連携によって、行政が民間事業者に公共空間のマネジメントを委託し、現場の管理運営を専門会社だけが担うようになると、住民による自発的な活動が起こる余地がなくなってしまいます。

PUBLIC HACKが根づくには、何よりもまず「私的に自由に使ってもいいんだ」という余地を感じられることが大切です。それには、管理者が利用者を見守り、支える視点が重要となるわけですが、公民連携が導入され、民間事業者が行政に対する然るべき責任意識のもとで管理運営を行っている場所では、市民が気軽に関わりにくい雰囲気になってしまいます。常に他人の手あかがつき、自分が関われなくなった公共空間を自分の居場所だとは思えず、そのうち公共空間に無関心になり、何か問題が起きても、以前なら自分たちで解決していたことも解決しようとせず、管理者に通報することしかしなくなります。

「人を集める」「モノを買わせる」といった集客・購買を促す活動に対して、「私的に自由に使ってもらう」というのは、使わせたい側（管理者）が何か手を打って実現できるものではなく、環境・条件を整えて見守り支えるものです。民間事業者が年度ごとに成果を出す前提で公共空間の管理運営に関わる時点で、収益につながらないPUBLIC HACKの定着に何年もかけて取り組むことは容易ではありません。

利用の自由を広げる維持管理

制限する維持管理から、自由を広げる維持管理へ

この状況を前提として、今後PUBLIC HACKが公共空間に根づいていくためには、公共空間マネジメントはどうあるべきなのでしょうか。維持管理と運営は、実施内容の違いはありますが、どちらも管理者自らが公共空間に手を打つ「直接的な」取り組みです。PUBLIC HACKの主体が公共空間の管理者ではなく利用者であることを考えた時、その利用を促す支え手としての管理者の「間接的な」マネジメントのあり方に着目することが、これからの公共空間マネジメントを考える上で有効です。

「直接的なマネジメント」では、管理者は一定規模の予算を投じて集客するための「管理運営」を考えることになります。一方、利用者が私的に自由に使うことを通じて自ら楽しむことを推進する「間接的なマネジメント」の場合は、少し違うアプローチを考える必要があります。

具体的には、改めて「維持管理」のあり方に目を向けてみることが大切です。「活用」を念頭において「運営」の視点が取り入れられた新たな公共空間マネジメントの姿が示されるようになったとは言え、維持管理は依然として「禁止」が軸になっているからです。その場所が活用されていない時は、他者が使うことは制限するべく監視されているのです。

管理者がことさら活用を意識していない公共空間では、あまり制限事項はありません。一方で、しっかりマネジメントの概念が取り入れられた公共空間では、管理者は、「こうありたい」と推進すべき将来像を定めることと合わせて、「それにそぐわない」ことをに対する制限事項も同時に定めてしまいます。こうした、将来像の実現手段を消去法的施策に頼ってしまっている状況を改善する必要があるのです。

この状況を踏まえた上で、検討すべきは、「利用を制限する維持管理」から「利用の自由を広げる維持管理」へのシフトです。自由は管理者をはじめとする他者から押しつけられるものでもなければ与えられるもののでもなく、自ら獲得するべきものです。そう考えると、たとえば「監視」が「見守り」に置き換わることで、利用者は「信用されている」という前提のもとでのびのびと使うことができるようになります。あるいは監視の強度が今よりも弱くなることで、管理者に判断を頼る機会が減り、利用者自身が「どこまでやっていいか」を考える力を養うことが期待できます。

この考え方に対して、「利用者の自由に任せたら何をしでかすかわからない」という性悪説的な指摘もあるかと思いますが、何も管理者の「無関与・放任」を是として主張したいわけではありません。「見守り」や「監視の強度の調整」は、管理者だけで実現できるものではなく、管理者と利用者との関係性によって段階的に臨機応変に実装されるものです。こうして、管理者の影がだん

利用の自由を広げる維持管理

だんと薄くなっていくと、利用者同士が自律しながら、公共空間での過ごし方・使い方を互いに学びあえるようになります。「利用の自由を広げる維持管理」では、マネジメントの対象が空間だけではなく、人と人との関係性にまで及ぶようになるのです。

利用の自由を広げる維持管理の先進事例

1章で紹介した東京の井の頭恩賜公園や京都の鴨川河川敷、大阪の難波宮跡公園のような「いろいろな人が自分の領域も相手の領域も守りながら、好きなことをして自由に過ごしている状況」はどうやって実現することができるのでしょうか。

その問いに対する答えは、現時点では一般解ではなく個別解であると言えます。各管理者はそれぞれの公共空間の条件を踏まえ、そこで起こっている状況に合わせた現場対応をとりながら維持管理にあたっているからです。

そこで、ここからは、PUBLIC HACKを支える上で参考になる、利用の自由を広げる維持管理を実践している公共空間マネジメントの先進事例を紹介します。

CASE 1

“現場対応をマニュアル化しない”

アオーレ長岡のナカドマ

// DETAIL

管理者	特定非営利活動法人ながおか未来創造ネットワーク
所有者	長岡市
所在地	新潟県長岡市

アオーレ長岡は、新潟県のJR長岡駅を降りて、目抜き通りの大手通を歩いてすぐの場所に位置する複合公共施設です。正式名称を「シティホールプラザ　アオーレ長岡」と言い、生活の温もりと人々の賑わいにあふれた「まちの中土間」がコンセプトになっています。

この施設の核ともいえる「ナカドマ」と呼ばれる全天候型の屋根付きの大きな広場、その奥につながる5000人収容のアリーナ、シアターや大小のホールなどの市民の活動スペースと、ナカドマを取り囲むように立体的に配置された市長室や議場、市民窓口としての市役所機能によって構成されています。

アオーレ長岡では、市民が中心部に足を運ぶきっかけをつくるため、イベントをはじめとしたさまざまな取り組みが行われており、非日常性を彩る「象徴的広場」と、市民の日常生活の延長にある「とっておきのハレの舞台」の両方の役割を担っています。一流ミュージシャンのコンサートやアイススケートショー、プロバスケットボールリーグ、大相撲巡業などの国内外のトップレベルのパフォーマンスに触れられる場所として活用されているとと

イベント開催時のナカドマ

もに、マルシェや人前結婚式など市民が自由な発想で手作りイベントができる身近な広場でもあります。

さらに、そんなアオーレ長岡の中でも、ナカドマは施設のコンセプトを象徴する場所として、24時間開放された自由空間となっています。アオーレ長岡の諸機能がナカドマを囲っていること、北・南東・南西の三方向からのアクセスが可能になっていることによって、人々がいつでも気軽に通りがかったり立ち寄ったりすることができます。

アオーレ長岡の運営組織である「特定非営利活動法人ながおか未来創造ネットワーク」(以下、ネットワーク)は、ナカドマのマネジメントにあたって「市民の何気ない日常シーンの一コマにナカドマが登場すること」を大切なビジョンとしています。そのために、利用者の「自由度」を担保することを重視し、来る人がリラックスして気持ちよく過ごせるための環境づくりをマネジメントの根幹としています。そのための具体的な工夫について、以下で整理してみたいと思います。

良し悪しを判断する理屈を大切にする

ネットワークの方から伺った話の中でも特に素晴らしいと感じたのは、ナカドマでの行為の是非の判断に対する考え方です。ナカドマの施設利用案内には、「ナカドマの日常利用として可能な行為とそうでない行為」が記されています。そこには、可能な行為として「飲食・飲酒」や「大道芸」「ストリートダンス」など、できない行為としては「ビラ配り」「スケートボード」など、計15項目について良し悪しが定められています(次頁の表)。

この15項目にはそれぞれ「理由、注意事項など」という欄があり、その行為が引き起こしうる問題について記されているのですが、ナカドマのマネジメントでは、この「理由、注意事項など」

ナカドマにおける具体的な行為の可否

区分	内容	可否	理由、注意事項など
スポーツ	球技	△	他の利用者に追突の危険（バット、クラブ使用など）やガラス壁面の破損が見込まれるものは×
	キャッチボール ボールけり バドミントン	○	ゴムボール、羽根つき程度であれば○（親子での遊びなどを想定）
イベント	火気の使用	○	屋根のあるエリアにプロパンガスの持込みは不可
	音響機器の使用 音楽イベント	△	原則65デシベル以下（アオーレによる測定数値）。太鼓等、音源の調整が難しいものは、屋内での実施を調整させていただきます
日常利用	飲食・飲酒	○	泥酔者など、他の利用者の迷惑になる行為は×
	移動販売車 弁当の販売	○	市民の憩いの空間、職員の昼食機会提供目的は可
	大道芸	○	商売の場合は不可
	ストリートダンス	△	音量により判断
	ギター演奏	△	音量により判断
	犬の持ち込み	○	館内は×。ひもでつなぐことが前提
	ビラ配り	×	市民活動団体等は施設内にチラシ配置OK
	ラジコンヘリ	×	他の利用者に追突の危険 ガラス壁面の破損防止
	スケートボード ローラースケート	×	床の劣化、破損が見込まれるため
	キャンプ用テント	×	寝泊りは不可
	物販、各種サービス等の商業的利用	×	日常の商業的利用は×。ただし、政策目的に合致するものは○（復興支援など）
	露天商	×	指定された場所での出店（露店市場条例）
	自転車の乗り入れ	×	引いて歩く○。ナカドマ駐輪は不可
	車の乗り入れ	×	搬入時およびイベント以外は不可
	辻立ち（演説など）	×	街頭での実施を依頼

（出典：「シティホールプラザ アオーレ長岡 施設利用案内―ナカドマ編―」）

が大切にされています。

つまり、その行為の良し悪しを「決まりきったもの」として判断するのではなく、「懸念される危険性、他人への迷惑の可能性」に基づいて判断しているのです。「△」が設定されている意図はここにあります。さらに、仮にその防止策が図られ、それが他の利用者に説明できるのであれば、「×」としている行為も「△」「○」として取り扱える可能性があると位置づけられています。

そして、当然ながら、15項目はナカドマで起こる日常利用が網羅されているわけではなく、あくまで代表的な行為として挙げられているわけですが、この15項目以外の行為については、すでにある記載事項を参考に利用者自身が自分で考え使うことが期待されています。その上で、実際に望ましくない状況が起きた場合には、ネットワークのスタッフが声をかけて可能な限り続けられるよう改善を働きかける、という方針で運用されています。

何か起こった時も、すぐにその行為を止めさせるのではなく、起こった事象の原因に対して対策し、その影響を最小化するように工夫されています。そのために施設管理者側、利用者側の双方にとって負担の増えない代替方法を模索するように心がけているとのことです。

なるべくマニュアル化しない

ネットワークには、禁止事項への対応を定めたスタッフ用のマニュアルが存在しません。また、前述の施設利用案内でも、なるべく具体的な文言や項目を記載しないように配慮されています。指示や対応方針などをマニュアルとして明記してしまうと、それが独り歩きをし、そこには実態の伴わない制約や制限が生まれ、それを忠実に守ることが目的にすり替わってしまう恐れがあるからです。

夕方には学校帰りの中高生が集まる

ネットワークには「やりたい事の範囲を自分たちで狭めないために、『ダメ・できない』と言わない」という基本スタンスがあります。禁止する行為をどんどん定めてマニュアル的に運用すると何もできなくなり、できる行為であっても窮屈さを感じてしまう点をネットワークは危惧しています。

以上の通り、ネットワークは基本的には「何をしてもいい」というスタンスでナカドマで起こる行為を見守り、もし、放っておけない事態になった場合は必要に応じて改善策を図る、という運用方針をとっています。

たとえば、ナカドマは公園でも体育館でもありませんが、バドミントンは「利用可能な行為」として定められていて、ネットワークへの届け出や許可も不要です。ただ、人の通行が多い場所で行っている場合にはスタッフが声をかけ、支障のない場所を提案するという対応をとります。それによって、バドミントンの行為者も通行する人もお互いに気持ちよくナカドマにいられる状況を実現しようと努めています。

午後には主婦たちのくつろぎの場に

どんな場面でも、マネジメントの目的は、利用者の思いを形にし、やりたいことを可能な限り実現させてあげることだと、ネットワークは考えています。そのために、問題が起きても敵対するのではなく、利用者と管理者で意見を主張しあい、お互いの立場を踏まえた上で、利用者をサポートしています。

こうした考え方のもと、日々スタッフが現場を歩き、利用者に声をかけたりおしゃべりをしたりしながら、利用者の事情や状況を個別に理解しようと努めています。こうした維持管理を継続している結果、子どもが鬼ごっこやかくれんぼをして遊んだり、バドミントンや太極拳、ラジオ体操のグループが使ったり、サラリーマンが宴会後に二次会を開いたりと、多様な世代の人たちに日常的に利用されています。

こうした行為は、事前に申請を出して許可を受けてやっているわけではありません。スタッフがいないスキを狙ってこっそりやっているわけでもありません。管理者と利用者との信頼関係が、ナカドマでのそうした利用を可能にしているのです。

CASE 2

“管理されていると感じさせない”

グランドプラザ

// DETAIL

管理者	株式会社富山市民プラザ まちづくり事業部
所有者	富山市
所在地	富山県富山市

富山駅からLRTに乗って環状ループ線を半周ほど回ると「グランドプラザ前」という停留所に着きます。その目の前にある広場が「富山市まちなか賑わい広場（通称：グランドプラザ）」です。幅21m、奥行き65mの四角いガラス屋根付き広場は商店街に面していて、両側を百貨店と駐車場に挟まれ、まちの中心部に立地しています。

「稼働率100%の広場」として全国に知られることとなったグランドプラザですが、計画段階においてすでに、富山市助役（当時）の望月明彦さんによって「なるべく自由な場所になるよう」「使用においてできる限り制限をなくす」という方針が示され、グランドプラザを自由度の高い場所にすべきという意思が強く働いていたことが伺えます（山下裕子『にぎわいの場　富山グランドプラザ』学芸出版社）。

そして、富山市都市整備部長（当時）の京田憲明さんは、望月さんの意向を受ける形で、禁止事項をほとんど設けず「規制・強制ではない誘導」をマネジメントに取り入れ、「誰もが、誰にも制限を受けず、届出の必要もなく、365日、24時間、まったく自由に、自己責任で使える広場」を目指し、「本人の都合の良い距離で係わる機会」を提供したと言います（山下裕子『にぎわいの場　富山グランドプラザ』）。PUBLIC HACKの視点からも特筆すべき広場の管理運営の理念が示されていると言えます。

ここでは、現場のマネジメントを担う「株式会社富山市民プラザ まちづくり事業部」（以下、グランドプラザ事務所）がグランドプラザの理念をどのように実現しようとしているのか、ポイントを絞ってお伝えします。

利用者と「仲良くなる」

スタッフリーダーの山内晃一さんは、「業務を通じて利用者と仲良くなることが大事」だと話します。管理者と利用者との間に壁があると、利用者は管理者に敵視されているように感じます。その壁を可能な範囲で取り払うことで、管理者は敵ではなく味方に変わります。利用者にとって管理者は指導や指示や命令を受ける相手ではなくなり、おしゃべりや相談をする相手に変わるのです。そうなると、利用者は普段の広場利用を通じて、進んで管理者に協力・貢献したいと場づくりに参加するようになります。

「仲良くなる」という言葉には相手の立場を理解し、思いやることも含まれるのでないでしょうか。

これはグランドプラザに限らないことですが、24時間立ち入り可能な広場が持つ共通の課題は、スケートボードなどのトリックが可能な乗り物による施設の破損・汚れです。このため、スケートボードの乗り入れを明確に禁止している広場は多くあります。

一方、グランドプラザでは、現状ではスケートボードは声かけの対象行為として運用されていますが、スケートボードの行為そのものを禁止しているわけではなく、「見かけたらその都度声をかけて配慮してもらう」という運用を行っています。

グランドプラザ事務所の中にはスケートボードでストリートボーディングをしていたスタッフが在籍していることもあり、ボードパークのような施設ではなくまちなかでスケートボードに乗ることの意義については十分に理解されています。その上で、施設の破損・汚れや走行時の騒音に対して配慮を求めるための声がけを管理者の立場として行っています。

これは、単にスケートボードを一律で危険・迷惑行為と捉える管理姿勢と大きく異なります。接し方や声をかけるタイミング、相手を理解する姿勢によって、スケートボーダーに管理者としての正義を振りかざすのではなく、彼らの理解が得られるように努めています。「大切な職場を汚したり傷つけたりする行為は止めてほしい」「周りの人が辛く感じる状況は控えてほしい」という想いを伝えているのです。

存在感を示さず演出する

さらに山内さんは、グランドプラザ事務所の存在感をあえて出さないことによって、利用者がグランドプラザを「私の場所」と思えるようになると考えています。

「実際、多くの人は、グランドプラザ事務所が管理運営していると認識していないし、誰かの施設を使わせてもらっていると意識している人はもっと少ないだろう」と山内さんは話します。

グランドプラザ事務所では、それぞれのスタッフが、「開かれた自宅」のように広場を扱っているということですが、これが「利用者と仲良くなり管理者の存在感を出さない」ための工夫になっているのかもしれません。確かに、自宅にお客さんを招待する場合、主役はお客さんです。自分が自宅の管理者であることを誇示するようなことはありませんし、自分の思う通りに客人に振る

思い思いにくつろぐ利用者

舞ってほしいとは思いません。自分の部屋のように自由にゆっくりくつろいでほしいと思うものです。

一般的に、管理者側に明確な意思がある場合には、利用者に対してそのことを声高に掲げたり、あからさまに誘導したりする「コントロールしよう」という意識が働きます。

一方、グランドプラザ事務所は逆の発想をしています。つまり、利用者の振る舞いの結果によって空間が形成されている、という考え方です。グランドプラザ事務所のスタッフはグランドプラザの空間そのものを操作しようとするのではなく、その役割は利用者に任せ、利用者がのびのびと使いやすいように「演出」をしていると言えます。

たとえば、広場を訪れた人が利用できるテーブルや椅子は固定されておらず、容易に動かせる仕様のものが選ばれています。そうすることによって、利用者は自分の好きな場所にテーブルと椅子を動かして過ごすことができます。さらに、利用者が自由にテーブルや椅子を動かしたり動かした跡がそのまま残っている様子

利用者の使った跡が残る椅子

は、「利用者が広場に主体的に関与することによって空間のあり方に影響を及ぼすことができる」という次の利用者へのメッセージになっています。

スタッフそれぞれが考えて判断する

グランドプラザ事務所は指定管理者として富山市から委託を受けてグランドプラザの管理運営を担っていますが、どのような方針で利用者に対応すべきかについてまでは、富山市との契約に定められているわけではありません。だからこそ、グランドプラザ事務所は、市から言われたことをやるのではなく、自発的に管理運営を担おうとしています。先に紹介した利用者とのコミュニケーションや声かけはあくまでグランドプラザ事務所が自発的に行っていることです。

グランドプラザ事務所では、設備保全や清掃業務以外の現場対応（巡回、イベントのオペレーション、受け入れ、現場実務）はすべて内製化されています。このような指示系統の階層がないことは、意思決定できる人が現場を確認しその対応まで一貫して実施できるという、意思決定者と現場対応者の一致という利点があります。

グランドプラザにおける利用者の行為をどう制限するかについては、「危険かどうか」「迷惑になっていないかどうか」の2点をベースに現場に立ち会ったスタッフが個々に判断しています。それぞれのスタッフがそれぞれの理屈をもって利用者に説明して収束を図っています。

たとえ何か定型的に判断基準を決めたとしても、状況が異なれば匙加減も変わってきます。また、一律で声かけの判断基準を決めてメンバー内で共有することは、声かけの判断にブレは起こりませんが、その基準の適用が目的化してしまい、実は問題のない行為も制限されてしまうという危険性をはらんでいます。指示系統が階層化している場合はこうしたやり方が有効な時もありますが、グランドプラザ事務所の場合は大きなベースとなる考え方をスタッフ間で共有して、あとは個々のスタッフに任せる方が良いということなのでしょう。

天気の良い平日昼間、グランドプラザではしばしば高齢者がお酒を楽しむ光景が見られます。その高齢者がそのまま酔っぱらって寝入ってしまったとしても、スタッフから制止するような声かけをすることはありません。声をかけるのは泥酔して叫んだり他の利用者に絡んだりする場合だけ。その場合にはすぐに止めに入って帰宅を促す、といった具合です。

グランドプラザ事務所のスタッフには、まちづくりや都市計画、施設管理の専門家はいません。だからこそ、その現場対応には、利用者としてのスタンスが感じられるのかもしれません。

CASE 3

“行為でなく程度で利用を制限する”

うめきた広場

// DETAIL

管理者	一般社団法人グランフロント大阪TMO
所有者	大阪市
所在地	大阪府大阪市

うめきた広場は、西日本最大のターミナルである大阪の「キタ」エリアの中心部に位置し、JR大阪駅の目の前に広がる約1万㎡の広大な駅前広場です。JR大阪駅の北側に広がる約24haの梅田貨物駅跡地の開発プロジェクトとして、約7haの先行開発区域に整備された複合施設グランフロント大阪のシンボル広場に位置づけられています。

うめきた広場は、大阪の玄関口として、さまざまな人が訪れ、憩い、交流することが意図され、空間には水と緑がちりばめられ、周囲にはカフェや常設型マルシェ、レンタサイクルポート、また大階段や植栽桝を活かした腰を下ろせるレストスポットが用意されています。

うめきた広場の活用は、オープンスペースのマネジメントを中心にグランフロント大阪のブランディングに取り組む「一般社団法人グランフロント大阪TMO」が担っており、企業PRイベントのほか、盆踊りや大相撲などの話題性や発信力が高いイベントが1年を通じて実施されています。

うめきた広場での盆踊り

グランフロント大阪TMOは、うめきた広場の「人のための広場」としての特質をさらに強化すべく、イベントがない日でも人々に利用されて魅力的な風景が広がるための取り組みを2016年から展開しています。

グランフロント大阪TMOは「魅力的な風景」として、「社交的な関係性が表出すること」「新鮮な空間体験があること」「自由な居住まいがあること」の三つを定義しました。それらを通じて、「過ごすことを積極的に楽しみ、イベントがない日でもハレの気分が味わえて、いつ来ても飽きずに過ごせる、新しい風景が広がっている広場」が将来イメージとして設定されています。

この将来イメージの実現に向けて、うめきた広場では、二つの活動に取り組んでいます。

多様な振る舞いを誘発するベンチの設置

人がとどまるための装置としてベンチは必須ですが、うめきた広場では、ベンチ（BENCH）の英語の頭3文字をとって、次の三つのキーワードが、ベンチの実現目標として設定されています。

“**B**eing lively（いきいきと過ごせる）”

“**E**xperience（新たな体験が得られる）”

“**N**oble Style（品良くいられる）”

まず、背もたれがなく座面の広い形状は、利用者に座り方を強制しません。深くも浅くも腰かけられるだけでなく、両足を座面に乗せてあぐらをかいたり、寝転んだりすることも可能です。背もたれがないことは、好きな方向を向くことができ、グループで使う時にはいろいろな座り方ができます。

ベンチの脚の高さは3種類あり、座る姿勢にバリエーションが生まれます。特に一番脚の高いものはハイスツールと同じぐらいの高さで少し落ち着かないのですが、両足をぶらぶらと揺らしし

うめきた広場に導入されたベンチ（提供：株式会社コトブキ）

たり足を組んだり姿勢に気を使う必要が生じることで、「絵になる佇まい」が生まれます。これらのベンチを数十台、周囲の施設との距離感を考えながら組みあわせてレイアウトすることで、全体として彩りある風景を演出しています。

こうした多様なベンチが生みだす多様な居住まいが、「立ち話をする」「親子で遊ぶ」「横になる」といった「座る」以外の行動を誘発し、「気分の赴くように好きに使っていい雰囲気」を演出するのに一役買っています。

「行為」でなく「程度」で決まる声かけ基準

ベンチを置いたことによって生まれたさまざまな振る舞いを持続していこうとするのが、ベンチの設置に合わせて運用が始まった「声かけルール」です。

うめきた広場には隅にプレートが設置されており、管理者の声かけ対象となる行為が掲示されています。その掲示に基づいて、広場を巡回している警備スタッフが広場利用者に声をかけるわけ

振り付けの練習をしているグループ

ですが、実際に声をかけるかどうかはその行為の「程度」によって判断されます。

たとえば、ダンスは禁止行為に該当しますが、その意図はダンス行為そのものが絶対悪なのではなく、ダンス行為を見物する人々による広場の混雑・混乱が危惧されるからです。そこで、ダンスとみなされる行為であっても、練習や簡単な振り付けといった人だかりにならない程度であれば声をかけないという判断基準が取り入れられています。

うめきた広場で特徴的なのは、その「程度」を具体的に定めているところです。うめきた広場の巡回は警備会社によって行われているため、グランフロント大阪TMOが考える「許容できる／許容できない」程度を的確に警備会社に伝える必要があります。

そのため、先ほどの「ダンス」についても「広場が混雑・混乱する場合に声をかける」という取り決めだけでは、どの程度が混雑・混乱に該当するかはグランフロント大阪TMOと警備会社によって考え方が違いますし、その時巡回している警備スタッフ個々によっても判断が異なってきます。そこで、グランフロント大阪TMOからは、具体的な表現で示された「程度」が警備会社に伝えられています。ダンスに関して言えば、「ダンサーを中心とした人だかりが半径8m（幅16m）以上に膨らんだ場合は声をかける」という基準が取り決められています。これによって、警備スタッフは「どんな状態なら声をかけるべきで、どんな状態なら声をかけずに見守ればいいか」を即座に判断できます。

公認ストリートミュージシャンによる路上ライブを鑑賞する人だかり

なお、この半径8mという数値基準は、これまでの実績から導かれました。以前、グランフロント大阪公認のストリートミュージシャンがうめきた広場で路上ライブを実施した時に最大で半径8mの人だかりができたのですが、現場で混乱や混雑が起きなかったので、それが実績値として設定されました。この数値の設定によって、グランフロント大阪TMOと警備会社にとって共通の客観的な基準を共有することができました。

相当人気のあるストリートミュージシャンが生みだす人だかりが半径8mなわけですから、一般人がゲリラ的にダンスをしても人だかりが半径8mになることはめったになく、声をかける必要もないのです。

こうした取り組みを通じて、うめきた広場には常にさまざまな人々がやってきては多様な振る舞いをしています。そのどれもが、自由で気持ちよさそうにのびのびと使いつつ、他の人を不快にしない使い方をしています。こうしてベンチの実現目標である「**BEN**」が維持されています。

CASE 4

“アクシデントを「起こるもの」として取り扱う”

羽根木プレーパーク

// DETAIL

管理者	特定非営利活動法人プレーパークせたがや
所有者	世田谷区
所在地	東京都世田谷区

東京・世田谷区の区営羽根木公園の一角に「羽根木プレーパーク」というスペースがあります。「プレーパーク」は日本語で「冒険遊び場」と表現され、子どもたちが森や山のような大自然の中で自由に遊べる環境が整えられた、まちなかのスペースです。

世田谷区から委託を受けた「特定非営利活動法人プレーパークせたがや」によって管理運営されている羽根木プレーパークは1979年に開園以来、禁止事項を設けず子どもたちの「自由で創造的な遊びの場」であり続けています。

羽根木プレーパークには、子どもたちが自分たちのやりたいことをして遊べる自由がありますが、それは、プレーパークせたがやの「プレーワーカー」(専門的な研修を受けた職員)や「世話人会」(有志の地域住民組織)によって支えられています。

プレーパークでは、怪我や事故が起こったり、周りの近隣住民から苦情を受けたりすることがありますが、それに現場のプレーワーカーや世話人がどう対応しているのかについて知ることは、公共空間マネジメントにおける公民の役割分担や信頼関係のつくり方、管理者としてのスタンスについて大いに参考になります。つまり、「プレーパークと子どもたち」の関係を「公共空間と市民」に当てはめてみた時、市民が公共空間を創造的に自由に使うための支え手のヒントが、羽根木プレーパークにあると言えます。

怪我や事故を起こりうるものとして認識する

羽根木プレーパークでは怪我や事故は避けられないものとして取り扱われています。羽根木プレーパークにはプレーワーカーが3人常駐していますが、子どもたちの動向をすべて把握した「安全管理」を行うことは想定されていません。

プレーパークは子どもを預かる場所ではないのです。プレーパークでは、子どもはサービスを受ける遊びの「消費者」ではなく、自

手作りの「滝」があるプール

ら遊びを獲得していく「創造者」として位置づけられています。プレーワーカーはその過程の見守り手であり支え手ではありますが、子どもの遊びの引率者・先導者でもなければ、子どもの保護者・管理者でもありません。

プレーワーカーに求められる役割は、重大な怪我や事故の原因となるリスクを可能な限り取り除くこと、子どもたちに可能な範囲で注意を促すこと、何か起こった時に可能な範囲で迅速に対応し被害を最小化すること、です。

プレーワーカー6年目（2018年時点）の中西和美さんは次のように話します。

「プレーワーカー間で共有している決まったマニュアルはないし、そもそもプレーパークの『正しい使われ方』というものはありません。起こった事象については、その結果ではなくプロセスを振り返ることを大切にしています。その時プレーワーカーがとった子どもへの声かけ、判断、行動に関する動機や理由、それに対する子どもの気持ちや行動について、プレーワーカー同士で『私』

管理棟も子どもの遊び場になる

を主語にした意見交換を行います。そこには共通の正解を導くという目的はありません。プレーワーカーそれぞれの考えを知ることを通じて、自身の気持ちや意識の成熟につながります」。

プレーワーカー同士の集まりであるプレーワーカー会では、プレーワーカー個人の判断が責められ、責任を問われることはありません。ダメ出しや責任追及を行うと、プレーワーカーが委縮して子どもを制止するばかりになってしまうことが懸念されるからです。

10年以上羽根木プレーパークに携わっている世話人会の瀧久雄さんは次のように話します。

「プレーパークでは擦り傷は当たり前。ナイフも貸し出すし、工具も貸し出す。子どもたちが身をもって体感して危険を覚えていくなかで重大な怪我や事故につながる行為を察知する力を育んでいきます。前もってすべてダメと言ってしまうと学びの機会もなくなるし、そもそも場所の楽しさがなくなってしまう。取り返しのつく範囲のアクシデントは子どもの学びになると考えています」。

利用者が自ら場づくりにコミット

1979年に開園して以来、羽根木公園に定着し、世田谷区の魅力の一端を担っている羽根木プレーパークですが、多くの人にその意味が認められ賛同されている一方で、前述の怪我や事故をはじめ、プレーパークの運営に対して厳しい意見を受けることもあります。何か起こった時であっても、たいていの場合は保護者がプレーパークでの遊び方を事前に承知しているので、大事になることはありません。それでも、「プレーパークでの行為を制限すべき」「もっと厳しく管理すべき」と言われることがあるのです。そういった声に対してプレーパークせたがやは「子どもにもっと自由な遊び場を！」という思いを維持しながら、「利用者と同じ立場で聞く」というスタンスを貫いています。

管理者の立場で利用者からのクレームを聞くと、利用者は管理者に対して要求する一方になります。しかし、プレーパークせたがやは子どもたちの安全に対する責任をすべて負っているわけではありません。あくまで遊びのサポーターとして、子どもの親と同じ立場で接しています。親にもプレーパークせたがやの立ち位置を理解してもらい、同時に、プレーパークが魅力的であり続けるために、「怪我のリスクとなる要素をすべて取り去る」ことが唯一の解決策ではないことを理解してもらう努力をしています。

クレームを言ってくる時点では、お互いの立場や思い、役割を理解できていないことが多いのです。どんな要求にも、絶対に譲れない部分もあれば、許容できる部分もあります。まず、プレーパークせたがやとしての考え方や思いを伝えた上で、譲れる部分は譲り、譲ってもらいたい部分は懸命にお願いして譲ってもらい、お互いが許容しあえる折りあいを見つける作業をしています。

その時に重要なのは、委託元である世田谷区役所との信頼関係です。利用者からプレーパークせたがやを通り越して区役所にク

クレーム対応のイメージ

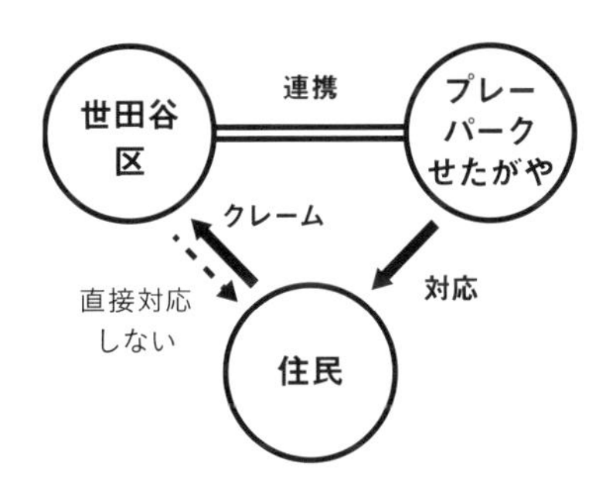

レームが回ることもありますが、区役所はその内容をプレーパークせたがやに戻し、最終的にプレーパークせたがやが利用者とクレームの解決を図ることになっているのです。

また、羽根木プレーパークでは、利用者にもプレーワーカーや世話人と同じ目線が求められます。プレーパークせたがやは、利用者にも、単に利用するだけでなく、一緒にプレーパークの場づくりに参加してもらいたいと考えています。遊びに来ている人を客扱いせず、来場者にできるだけ活動に参加してもらえるよう、場内に至らない部分が残っていても、それを前提にコミュニケーションをとっています。「何かその場所のためにできることがある」と実感した時、そこが自分の場所になるのです。

たとえば、プレーパーク内でガラスや釘が落ちていたら自ら拾ってもらい、プレーパークせたがやからは「謝る」のではなく安全管理に協力いただいたことに対して「お礼」を言います。こうした姿勢によって、利用者の場づくりへの参加が促進されます。

羽根木プレーパークには、「自分の責任で自由に遊ぶ」というメッセージが大きく掲げられていますが、これは子どもを連れてきた親や地域住民に向けたメッセージなのです。何か起こった時に、

プレーパークに掲げられた子どもたちへのメッセージ

「自分で蒔いた種だから自分で尻ぬぐいをすべきだ」という自己責任の考え方を当事者の子どもに押しつけるのではなく、子どもがプレーパークで遊ぶ上での大人の心得を説いているのです。

子どもに対しては、壁の低い位置に「こどもたちへ」という始まりで「ぜんぶ自分で決めていいし、わからなければ大人や友達に聞いていい、成功も失敗も含めて自由に遊ぼう」というメッセージが掲げられています。

プレーパークせたがやが理想とする未来は、プレーパークの充実だけにとどまりません。家の前の道路であっても、見ててくれる大人がいれば子どもは安心して遊べます。プレーパークに対する理解者が増えていくことによって、「自由な子どもの遊び場」がまちじゅうに広がることを目指しています。

※参考文献
・特定非営利活動法人プレーパークせたがや「気がつけば40年近くも続いちゃってる住民活動の組織運営」2013年
・特定非営利活動法人プレーパークせたがや「冒険遊び場づくり物語」2013年

CASE 5

“自由使用を実現するルールの3段階運用”

荒川下流域

// DETAIL

管理者	荒川下流河川事務所
所有者	同上
所在地	東京都板橋区ほか

埼玉県から東京都を流れる一級河川である荒川は、テレビドラマ等でロケ撮影が行われるなど、東京の自然環境を象徴する場所として多くの市民に愛されています。東京都板橋区の笹目橋から河口までの約30kmが下流域とされていて、国の直轄河川として荒川下流河川事務所（以下、河川事務所）によって管理運営されています。

荒川には、その流域の多くに河川敷があり、散歩やピクニックをはじめ、グラウンドでは野球やソフトボールの練習が行われ、川に沿ってサイクリングやジョギングを楽しむ光景が見られます。

ところで、河川では賑わいづくりを目的とした民間事業者による占用行為に許可が出ることはほとんどありません。その代わり、「他人の使用を妨げない限り、管理者の許可を必要とせずに、自由に使われるべき」という考え方が浸透しています（これに基づく利用は「自由使用」と呼ばれています）。

そのため、河川では河川法その他の関係する法律や条例に違反していない限り、「他人の使用を妨げているかどうか」でその行為の良し悪しが判断されることが原則になっています。どこまでを自由使用とするかは、個々の河川の状況によって異なりますが、硬直的だったり柔軟だったりと、管理者の裁量によるところが大きいのが現状です。

河川事務所では、この自由使用の原則に忠実に則った上で、管理者の立場だけではなく利用者の効用が高まる管理運営が実施されています。そこで、荒川の持つのびのびと開放感のある雰囲気がどう実現されているのか、河川事務所の取り組みについて紹介します。

各利用者が納得できる自由使用の認め方

荒川の河川敷は草木が生え、砂が敷かれていて、全体として自然公園のように見えることもあり、「河川敷は自由に使っていい」

という意識が市民に浸透しています。そのため、河川敷ではいろいろな行為が行われていますが、それらの行為について、河川事務所に通報が入ることもしばしばあります。こういった場合、一般的な対応としては管理者は事態を収束させるために、通報の対象となった行為を直ちに止めさせたり、新たなルールを追加したりしがちなのですが、河川事務所は少し違った対応をしています。もう少し「誠実」なのです。

荒川では、占用許可を出した「占用行為」以外の行為はすべて「自由使用」の対象として取り扱われていますが、どの程度までを自由使用とみなすことができるかは、後述する「利用ルール」を除いて河川事務所側であらかじめ決めてはいません。使用する場所や環境、時間帯や人数によって自由使用と言える場合もあればそうでない場合もあるため、その判断基準を定量的に定めておらず、その時々の状況によって判断されています。左岸と右岸それぞれ全長30kmに及ぶ河川敷で日々入ってくる市民からの通報に対して、現場に赴いて状況を観察した上でその是非が判断されています。通報に正当性がなければ、管理者止まりとすることも多々あります。

特に象徴的なのが、自転車マナーに対する通報への対応です。荒川には、災害時の資材輸送を想定した緊急用河川敷道路が整備されています。緊急用の道路であるため普段は車両が通行することはほとんどなく、7mの幅員できれいに舗装された道路は、格好のサイクリングロードとしてサイクリストに親しまれています。ただ、散歩やジョギングをしたり、道路を横断したりする人にとっては、急スピードで走り抜ける自転車は危険な存在です。

この問題が顕在化した頃、河川事務所は緊急用河川敷道路の自転車通行を「徐行」するよう注意を促していましたが、一部のサイクリストの中にはそれに従わないばかりか、歩行者に対して「危ない」と怒鳴りつける人さえ出てくる状況でした。

緊急用河川敷道路を走る自転車とジョギング走者

河川事務所は、この事態を重く受け止めましたが、画一的に自転車通行を禁止したり、時間制限を設けたり、ゲートを設置したりするような措置はとりませんでした。

大多数のサイクリストは、このような荒川の状況を理解した上で歩行者と共存し、気持ちよくサイクリングを楽しみたいと考えていたこともあり、自転車と歩行者が共存できる方法を模索するという選択をとりました。荒川をはじめとする自転車のマナーアップに取り組んでいる団体「一般社団法人グッドチャリズム宣言プロジェクト」とも協力して啓発活動に取り組み、サイクリストが歩行者との共存について自ら考える機運づくりに取り組んだのです。

利用者それぞれの最適解を丁寧に探る維持管理のやり方は、手間もすごくかかり、すぐに結果が出るわけではありませんが、こうした取り組みが結実した一つの成果が、次に紹介する「新・荒川下流河川敷利用ルール」です。

ルールの強度を階層化する

個々の行為において、どこまでが自由使用としてみなせるか、についてはその時の状況に応じて判断されることは先ほど述べましたが、荒川下流域では、その一帯を対象とした共通のルールが別途定められています。それが、「新・荒川下流河川敷利用ルール」です。

このルールは、「禁止行為」「危険・迷惑行為」「マナー」の3種類に分けられています。

すべての行為を「禁止行為」としても良いようなものですが、荒川下流域ではルールの強度がわざわざ3段階に分けられているのです。

禁止行為は「ゴミの不法投棄」「焚き火」などが該当し、法律や条例等で禁止されているものが定められています。「危険・迷惑行為」は、流域の自治体との協議を踏まえて「対策なしに実施した場合に他の利用者や付近の住民に危険や迷惑を及ぼす行為」と位置づけられていますが、「その行為自体は法律等で禁止されているわけではありません」と明記されています。「マナー」に至っては、指示口調ではなく、呼びかけ文になっています。こうした使い分けにはどんな意味があるのでしょうか。

実は、荒川下流域でも以前はどんな行為もすべて「禁止行為」として取り扱うという画一的な運用がなされていました。それに対して、市民から「何を根拠にして『禁止』と定めているのか」という問いあわせが重なり、2014年に今の「禁止行為」「危険・迷惑行為」「マナー」に分けて整理されることになりました（次頁の表）。

「危険・迷惑行為」に該当しそうな行為は、利用者に頭ごなしに「止めろ」とは言わず、「その行為が危険・迷惑行為に該当しうる」ことを理解してもらうことが意図されています。たとえば、花火は禁止行為として運用している行政が多いですが、花火をしてもいいか河川事務所に問いあわせがあった場合には、「やってもい

荒川下流域の利用における禁止行為、危険・迷惑行為、マナー

禁止行為	
1	ゴミの不法投棄は禁止です。
2	たき火やゴミの焼却は禁止です。
3	犬のノーリードやペットなどのフンの放置は禁止です。
4	自動車及びオートバイの河川敷への進入は禁止です（管理者の許可がある場合は除く）。
危険・迷惑行為	
1	バットやゴルフクラブなどは指定場所以外では使用しない。
2	バーベキューや煮炊きなどは指定場所以外では行わない。
3	無人航空機（ドローン・ラジコン機等）は飛ばさない。※例外あり
4	他の者に迷惑をかける騒音は出さない。
5	２２時以降は音の出る花火はしない。
マナー	
1	自転車は徐行し、歩行者を優先しましょう。
2	河川敷道路に自転車や荷物などを置かないようにしましょう。
3	河川敷道路では、キャッチボールなど通行の妨げとなることはやめましょう。

（出典：「新・荒川下流河川敷利用ルール」）

いけど音の出る花火は夜10時を過ぎたらしないでほしい」と伝えています。さらに、「音の出る花火」が具体的に何なのかについては、利用者自身で判断するように求めています。ゴルフの練習についても、「危険・迷惑行為」に該当することを伝えた上で、「控えてもらえないか」と利用者にお願いに回っています。

このように、利用者の自主性を尊重し、対話を通じて問題を解決しようとするのが河川事務所の姿勢です。「危険・迷惑行為」や

「マナー」はトラブルの未然防止措置としてルールの中に位置づけてはいるものの、突き詰めるとその行為そのものを止める権限や強制力は河川事務所にはありません。そのため、そう正直に書いてしまうと、それらの行為を止めさせられなくなるというリスクが生じます。それでも河川事務所は「禁止行為」以外の行為については強弁せず、あくまで、利用者に自主的に考えてもらおうというスタンスを貫いています。

もう一つ大切な考え方について触れておきます。ルールはつくったらおしまいではありません。一度つくってしまえば、そのルールを盾に利用者に対して強く出ることもできますが、河川事務所は、上から従わせるのではなく、啓発・周知活動（イベント開催、チラシ配布等）を通じて利用者が自らルールの内容を理解してもらえるようにしています。そうして、通報される行為も通報そのものも減少させることを目指しています。

荒川では完全に整えられた空間が常に維持されているわけではありません。利用者を放置するわけでもなく、思い通りにコントロールするのでもなく、望まれる状況を絶妙の均衡を保ちながら実現しています。

CASE 6

“取り締まることを目的化しない”

路上ライブ

// DETAIL

管理者	交通管理者(警察)
所在地	繁華街の路上

駅前や繁華街など、人の多い通りを歩いていると、路上ライブに出くわします。路上ライブからキャリアをスタートさせた有名ミュージシャンはたくさんいます。いつの時代も、路上は身近な表現の場として、多くのミュージシャンに利用されています。路上ライブが流行や文化の一翼を担っているのは確かな事実です。

そんな路上ライブにつきものなのが警察の介入です。警察に通報されると、たいていの場合は警察官がやってきてライブは中断され、ミュージシャンは大人しく撤収を始め、聴衆は散り散りになり、もとの「平穏」な路上に戻されます。

そのため、ストリートミュージシャンは警察官が来なさそうな場所を選んだり、通報されないように演奏や鑑賞のスタイルを工夫していますし、路上演奏に関してミュージシャン同士で情報交換も行っています。ミュージシャン同士で場所の取りあいにならないよう、シフトを組んでいる演奏スペースもあります。

私はずっと、ストリートミュージシャンにとって警察は敵であり、警察の目をいかに逃れるかは、彼らにとって死活問題だと思っていました。ところが、警察官が路上ライブに出くわすいくつかの現場に居あわせた時、そのやりとりを観察・調査していると、警察対応の実際はそれだけではないということがわかってきました。

通報されるまで動かない警察官

大阪市内のとある地下道では、店舗の営業終了後に店の前などで路上ライブが行われています。飲み歩いている人や仕事帰りの人がせわしなく行き交うなかで、マイク1本で歌う歌い手、ギターデュオ、ソロのベーシストなど、いろんなミュージシャンが、お互いの音の干渉をうまく避けるように陣取って演奏しています。

しばらく眺めていると、向こうから2人の警察官がやってくるのが見えました。目の前のミュージシャンは演奏に夢中でなかなか警察官に気づきません。ようやく気づいたのは、警察官がまさに目の前を通り過ぎようとする直前で、即座に演奏は止めたものの、もう手遅れなタイミングでした。

「残念なことになったなぁ」と思って見ていたら、なんと警察官はミュージシャンの真横を過ぎる瞬間に何かを話しかけ、そのまま歩調を変えずに通り過ぎていきました。ミュージシャンは撤収せず、警察官の姿が見えなくなると、そのまま演奏を再開しました。

後でミュージシャンに話を聞くと、警察官からは、「通報があったら止めに入るから、そのつもりで」と声をかけられた、ということでした。大阪には大阪府道路交通規則があり、第15条4項で「人が集まるような方法での演奏行為」には許可が必要だと示されています。素直に解釈すれば、通報の有無によらず路上ライブはできないことになりますが、巡回していた警察官は現認しても即座に指導するわけではなく、どうやら「騒ぎにならないのであれば大目に見る」という判断で規則を運用しているようでした。

地下街での路上ライブ

利用者も納得できる合理的な取り締まり方

東京でも同じような現場に遭遇しました。たくさんの人が四方八方に行き交うターミナル駅の広場の中央付近に立つ街路灯の足下で、2人組のミュージシャンが路上ライブをしていました。この広場の常連なのか、固定客が集まるほどの盛況ぶりで、道行く人も足を止めてライブに耳を傾けていました。

すると警察官がやってきました。ライブは中断され、警察官がミュージシャンと何か話をして立ち去った後、彼らからアナウンスがあり、ライブは終了となってしまいました。警察官は彼らに書類を渡して何か書かせていたので、その内容について改めて彼らに話を聞いてみると、その書類はこの場所で路上ライブをしないことを約束する誓約書で、それにサインさせられた、ということでした。

「そこまでさせるか!?」と思ったのですが、続けて話を聞いていると、どうもそれはあくまで当日に限った誓約書だったそうです。警察官も高圧的ではなく紳士的で好意的だったとのことで、「通報があった以上、現場に向かって指導せざるをえない。今日はあきらめてほしいけれど、君たちの夢は応援している」と言ってくれたということでした。

後日、同じ管轄区域内の交番に勤務していた別の警察官に路上ライブの取り扱いについて尋ねると、「通報いかんによらず、現認次第制止する」という見解でした。確かに東京都道路交通規則で「演奏行為による人寄せ」には許可が必要となっていましたが、実際に現場対応した警察官は杓子定規な対応ではなく、通報した人のクレームに応えた上で、ストリートミュージシャンの可能性も潰さない、という柔軟な対応をしていたのだということがわかりました。

警察は道路上で起こる違反行為や危険行為を取り締まる役割を

担っていますが、取り締まること自体が目的ではありません。取り締まることによって道路の交通の安全を保つことが目的です。そのことを十分に心得てさえいれば、取り締まり方もいろいろあるはずです。管理者と利用者が敵対する者同士としてではなく、それぞれの立場を理解したパートナーとしてお互いにとって合理的な解決策を導けるようなセンスを身につけることが大切です。

以上、PUBLIC HACKを支える先進的な維持管理の事例について紹介しました。公共空間に求められる役割や管理者の属性等はそれぞれ違いますが、維持管理の現場で共通して必要とされるのは「粘り強さ」です。

問題ないと即座に言い切れない行為であっても、どの管理者も、頭ごなしに管理者の権限を振りかざすことはしません。たとえば極端に厳しいルールを設定して画一的に運用したり、過度に未然防止を意識して行為を制止したり、といった措置をとることは可能な限り避け、個別に状況を勘案し、きめ細やかで柔軟な対応を心がけているのです。

Chapter 5

PUBLIC HACKがまちの価値を高める

この章では、公共空間における利用者の私的で自由な行為が定着し、管理者が粘り強く維持管理にあたることによって実現するPUBLIC HACKが、まちにどういう影響を与えるのか、PUBLIC HACKの基礎となる「まちの自由度」に焦点を当てて紐解いてみます。

まちの自由度の高さが生みだす効果

個人の満足感がまちの風景に滲みだす

人々がまちで個人的にやりたいことをやると、その場所は、混雑しないまでも、常に人が集まっているという風景が生まれます。

たとえば、「飲食」をまちに増やしたければ、わざわざフードフェスティバルを企画しなくても、人気の店を誘致しなくても、ピクニックやバーベキューを個人がまちなかで楽しめるようにすればいいのです。「運動」を増やしたいなら、マラソン大会を企画しなくても、スポーツジムを誘致しなくても、個人がまちなかでジョギングを楽しめるようにすればいいのです。

そうして、やりたいことをする個人が増えれば増えるほど、満足感の総和が大きくなるわけですが、その満足感は与えられたものではなく、自ら獲得したものなので、「またやろう」という継続意思が生まれ、今後もまちの自然な風景として定着していきます。

シビックプライド（まちへの愛着）を育む

公園整備や街路空間の評価など公共空間のプロジェクトに長年携わっている北原啓司は、「パブリックは『私』が関わりあうことを通じて形成される」と、公共空間における「私」の役割の重要性を説いています。北原は著書『「空間」を「場所」に変えるまち育て』（萌文社）の中で、ある児童が小学校に隣接する公園を掃除している理由として答えた「だってここ、私たちの場所だもん」という言葉に注目し、「私たちの」という意識をもって公共空間を自分事として扱おうとする姿勢が、自らの都市生活を豊かにし、公共空間の魅力を高めることを指摘しています。

まちの自由度が高まり、自分のやりたいことがまちでできるようになることで、個人の満足感が達成され、それがそのまちへの「私」の意識を高めます。そして、そのプロセスの中で場所とのコミュニケーションが生まれます。供給側が用意したプログラムに参加しても印象に残るのはそのプログラムの内容ですが、個人のやりたいことが実現できると、自分のやりたいことを受け止めてくれた場所に対する思いが芽生えます。また、その場所を大切に感じながら関わり続けていくなかで、他の利用者や管理者とのつながりが育まれ、最終的にまちへの愛着につながります。

自然な触れあいに遭遇する

室内でやっていることをまちに露出させると、まちなかに人と人の自然な触れあいが生まれ、まちがいきいきとしてきます。それはなぜでしょうか？

ライブパフォーマンスやワークショップなど、来訪者を想定した取り組みを室内で行うと、どうしてもホストと来訪者の距離が不用意に近くなります。入室するという行為は、意識的に他人の領域に足を踏み入れることです。踏み入れられた側も意識しますし、「踏み入れられた側の意識」を踏み入れた側がさらに意識します。そうなると、もうお互いに放っておけません。来訪者は、一瞥して速やかに立ち去るなり、話しかけるなり、何かアクションを起こさないといけないという息の詰まる緊張が生まれます。それぞれが利害関係のある目的意識のもとで同じ空間を共有していると、ただ何もせず、その場でお互いの存在を許容し続けることができなくなります。

友人は自宅の前にテーブルを持ち出して雑貨を販売しています（提供：梅山晃佑）

2章で紹介した「くにたち0円ショップ」（p.54参照）は路上で行われていることに大きな意味があります。これがもし、路上には看板が出ているだけで、商品は建物の一室に並べられていたら、立ち寄る人の数は一気に減り、部屋に入った人もいそいそと商品を手に取るか、早々と退室することになるでしょう。

私的な行為がまちなかで行われることは、それを見てほしい側とそれを見ていたい側との関係性を自然体にします。まちなかの公共空間は、別の目的を持ちながら、ふと通りがかることができる無料の場所です。想定していなかった出来事に出会えるチャンスにあふれています。路上ライブに野次馬として参加したり、公園で開かれていたマーケットを覗いたりすることは、偶然の出会いを起点に、自然な形で他人との触れあいが生まれているのです。

人々の振る舞いがその場所に惹きつける

人があるまちを訪れるのは、そこで「人が楽しそうにしているから」です。そのまちにやってきた人がもっと滞在しようと思う

ニューヨークのハイラインの日常風景（©iStock.com／ptxgarfield）

のも、そのまちで「人が楽しそうにしているから」です。

アメリカの都市研究者ウィリアム・H・ホワイトは著書『都市という劇場』（日本経済新聞社）で、「人を引き付けるのは雑踏で人がたくさんいるところが魅力的な場所だ」と指摘しています。

ファッションストリートの魅力はおしゃれな男女が行きかう光景ですし、飲み屋街の魅力は酔っぱらって上機嫌な人がワイワイとやっている雰囲気です。人はその場所にいる人の行為を見て、その行為がしたくなるのです。

私たちが頭の中でイメージする風景が、まちのローカルな生活行為によって構成されていれば、それはその場所ならではの「訪れてみたい」魅力になります。

2009年にオープンし、今や年間800万人を集めニューヨーク屈指の観光施設となったハイラインは、もともとはコミュニティによる利用を想定した公共空間で、完成当初は地域住民の散歩やランニング、談笑といった日常風景が広がっていました。世界中からやってくる観光客でごった返すタイムズスクエアは、そのポテンシャルを持続可能なものにすべく、今はニューヨーカーの日常利用を増やす施策に取り組んでいます。京都の鴨川の河川敷では、近隣の大学生や地域住民がさまざまに使い込んでいます（1章参照）。

人が訪れてみたいと思い描く場所のイメージには、その空間の特徴だけでなく、市民のローカルアクティビティも含まれているのです。バルセロナのランブラス大通りのように、地域住民の利用が極端に減ってしまった公共空間では、その集客装置としての効果が低下してしまうことさえ起こっています。

やりたいという思いが賑わいを継続させる

公共空間で賑わいづくりを図りたい場合、管理者側が企画を主催するより、一個人がやりたいと思ったアイデアを実現する方が、持続性が高まります。

公共空間ではありませんが、一つ事例を紹介します。私がかつて運営に参加していた大阪・堂山町にあるバー「Common Bar SINGLES」は、当時、日替わりマスター制で、それぞれのマスターがバーという空間で実現したいことを企画して自分たちでお客さんを呼んでいました。1人のマスターが店を経営するのとは違い、日替わりマスターが1〜2カ月に1回のペースで自分のやりたい店を実現するので、業態も毎回変わります。

マスターたちのモチベーションは、商売ではなく、「やりたいことをやる」ことなので、営業経費さえ捻出できれば十分な稼ぎにならなくてもその場を維持できます。想いを持ったマスターが集まることによって、1人のマスターが経営している時よりも、店としての事業継続性は高くなるのです。

このバーはもともとバーだった居抜き物件で、必要最低限の素地が整えられている空間を、各マスターが、その日限りで内装を

大阪の日替わりマスターのバー「Common Bar SINGLES」

変えたり、企画を持ち込んだりしてさまざまに工夫しながら使う、多様性の担保された空間でした。公共空間と、それを私的に自由に使う利用者との関係に近いものがあると言えます。

事業目線で実施する企画はどこでもマンネリ化しがちですが、純粋に「やりたい」という思いを持った人の企画は、内容も集まるコミュニティもオリジナリティを帯びます。企画者が満足すれば、「またやりたい」という継続性が生まれ、それに参加した人が「自分もやりたい」と始めれば、アクティビティの多様さにつながります。公共空間ではそれが他とは違うローカルアクティビティとして、まちの賑わいとなって広がっていきます。

スキマはまちの自由度を測るモノサシ

スキマの実態からまちの自由度がわかる

まちの自由度を見分けるには、そのまちがスキマをどう扱っているかを見ることです。「どんなことが放置されているのか」「どういうことが厳しく管理されているのか」に注目すると、管理者の意識や方針、管理対象等が見えてきます。そうした管理方法の背景には、行政の考え方、町会や住民の意向が反映されています。

柵やフェンスによって入れなくなってしまっているスキマもあれば、オープンであるばかりかいつも誰かの手できれいに掃除されているスキマもあります。スキマというスペースの扱い方を通じて、そのまちの包容力の高さ、懐の深さがわかります。

まちのスキマが消えていく

道のくぼみ、階段や高架道路の下、夜の公園、柵の向こう側、めったに開かない点検口周り…。まちにはたくさんのスキマ的な空間があふれています。スキマは、まちで自分らしく過ごせる

1・路上生活者避け　2・立ち入れないように設置されたフェンス　3・安全措置の結果がゴミ捨て場に　4・景観よりも駐輪避けを優先

PUBLIC HACKが芽生えるフィールドです。こうした「スキマ」には管理者や通行人が見落としていたスキがあり、そのスキをつくことがPUBLIC HACKのチャンスになるわけです。

逆に、商業施設に見られるような、あえてつくられた「空いたスペース」に対しては、「何かできるかも」と思えず、むしろ管理者から「望まないことはするな」と言われているような気分になります。実際、制服の警備スタッフが頻繁に出入りし、監視カメラが防災センターに直結していてスキがないのです。このようなスペースはここでは「スキマ」とは言いません。

しかし最近は、まちなかのスキマがどんどん使えなくなっています。自転車置き場のように別の用途に使われるなど、管理者によって、スキマが使えないように工作されているのです。

頻繁に見かけるのは、路上生活者を避けるために、平らなスペースに石が埋め込まれていたり、U字の鉄柵が打ち込まれたりしています。これは日本だけで見られる現象ではなく、アメリカにはスキマに棘が針の筵のように埋め込まれている「Homeless spike」が設けられています。その他にも、安全対策、不法投棄避け等を理由にして立ち入り・居座りができないようフェンスが敷設されているスキマもあります。好まない使われ方をさせまいとする管理者の意図がうかがえます。

予防措置が奪ってしまう多様性

こうした予防措置によって管理の手間は格段に省けることになるでしょう。しかし、「ルールで想定したこと以外はしてくれるな」という管理者の暗黙の冷徹な圧力が感じられ、利用者の私的に自由に使おうという意思を削ぎます。こうした予防措置によって、まったく使われずに囲いをされたまま何年も放置されているスキマが多数あります。誰のものでもなく、誰のためにもなっていないのなら、いっそ望まれない使われ方であっても誰かの役に立つ方がマシではないかとさえ思えてきます。

肘置きが付けられたベンチは、そうした予防措置を象徴する取り組みです。路上生活者が寝転ぶのを避けるために考案された措置が、まちから「出来事」の芽を摘んでいます。まちで急に具合が悪くなっても横になれませんし、カップルが寄り添うこともできません。終電を逃した人やホテルを予約していない旅行者が野宿をする必要に迫られることだってあります。寝転び・居座りを禁じる公共空間はたくさんありますが、さまざまな事情を抱えた人をすべて追いだすことは、乱暴すぎはしないでしょうか。

4章で紹介した、アオーレ長岡のナカドマやグランドプラザ、うめきた広場では、路上生活者を排除する対応はしていません。迷惑行為への対応は行っていますが、路上生活者だからといって特

5・肘置き付きのベンチ　6・フェンスに囲われた道路予定地　7・駐輪避けのスペース
8・スケートボードのトリックを防ぐために置かれた花壇

別な対応はせず、他の利用者と分け隔てない対応をしているといいます。

公共空間は利用者を選んではいけない

管理者が認めた行儀の良い人だけが公共空間を利用することを許されるようになると、公共空間は選ばれた人だけが利用できる、言わば会員制空間のようになってしまいます。そして、同質化された従順な人ばかりが集まる公共空間では、自分自身が受け容れている不自由さ・他人に強いている不自由さに違和感を持たなくなり、他人が自由であることが受け容れられなくなります。そうして、自分たちに馴染みのない行為が目撃されると、通報して行為を制止するようになるのです。

ですが、そうした状況は公益性を担保していると言い切れるでしょうか？

多数派が正しいと考えることは本当に正しいのでしょうか？

ある公共空間が利用者から「選ばれない」ということはあったとしても、その公共空間が利用者を「選ぶ」ということがあってはならないはずです

寛容性のあるまちが創造的な理由

アメリカの社会学者リチャード・フロリダは著書『クリエイティブ都市経済論』（日本評論社）で、創造性が高くイノベーションが起こりやすいまちの条件として、ボヘミアン（芸術者・表現者階層）やゲイが多く集まっていることを挙げています。経済性やジェンダーの分野でマイノリティとされる存在が住み続けたいと思えるまちには寛容性があり、そういったまちではクリエイティビティに満ちた開放的な文化が生まれ、その先にイノベーションにあふれた企業が生まれるというロジックが示されています。

「まちの自由度」を支えているのは、まさにこの「寛容性」です。目新しく見慣れない行為＝PUBLIC HACKの種をそのまま許容しようという考え方が働くのは、まちが寛容性を備えているということに他なりません。まちの自由度は、寛容性によって支えられ、それがまちに創造性を生みだすのです。

まちの自由度が高まると、自らの欲求に従順になり、創意工夫に基づく独創的な行為が公共空間に生まれます。これらの行為は、誰にも目に触れる場所で行われるため、偶然通りがかった人が登場人物となって参加し、出会いが増えます。「出会い」は創造性を高める重要な要素であるとされています。その中から新しいアクティビティ、娯楽、表現などが生まれることは十分に想像できます。それらの一部がムーブメントとしてブラッシュアップされていくことによって新たな文化や産業として成長します。つまり、PUBILC HACKは、まちが創造的であるための確認材料であると言えます。

ここで、まちの「寛容性」にも関わる「多様性」についても述べておきます。

公共空間の利用における多様性とは、管理者がメニューをたくさん揃えてあげることではありません。むしろ、それは広がりのない多様性です。一見、選択肢が増えているように見えながら、その固定された選択肢は管理者にコントロールされているからです。

その公共空間が備えるべき多様性を謳うのなら、メニューを限定しないことの方が大切です。質の高い多様性は「想像していなかったことが起こり、それをそのままに受け容れられている状態」と言えます。

1章で紹介した鴨川の河川敷や難波宮跡公園は、まさにそんな公共空間です。凧揚げをしていたり、結婚式を挙げたり、友達同士でスポーツ大会を催したり、ストリートダンスを披露したり、

メニューを限定しない質の高い多様性

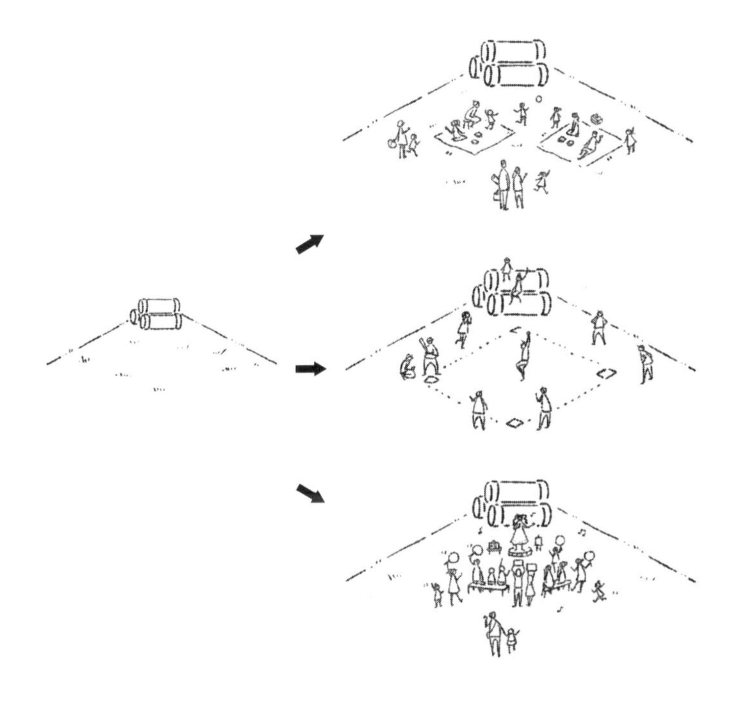

路上演奏をしたり…、いろいろな人がいろいろな使い方でその場所を使いあい、その使い方は毎日変わっていくのです。

まちの価値を生みだすのは「私的で自由な行為」

PUBLIC HACKはまちの価値を高める近道

PUBLIC HACKは、「一見、まちに偶然現れた個人の生活行為」としか思えないかもしれません。家でDVDを見るような感覚で公園で映画を上映しても、それはただの個人プレー。きちんと事業収支を組んで情報を発信して、たくさんの人に参加してもらう映画イベントを実施する方が社会的に意味があると思われがちです。

確かに、こうした集客イベントは、事業としての社会的インパクトは大きいと言えます。ただ、イベントに参加するだけでは市民はサービスの受動的な消費者のままです。市民の価値観やライフスタイルを変えるまでには至らず、管理者は絶えず事業活動を通じて市民にアクションし続けないといけません。

私的で自由な行為は、地域活性化に役立つかと言うと、一義的には役に立ちません。踏まないといけない手続きをすっ飛ばして欲望先行で行儀悪くやっていると思われがちですし、行為そのものはありふれていて誰にでもできる見慣れたものです。別に社会のため、まちのためではなく、自分本位のモチベーションでやっていることなので、メッセージ性はありませんし、社会の課題にメスを入れるような強い想いも不要です。制度化されるほどの大きなムーブメントを目指しているわけでもありません。事業価値のある汎用性の高いパッケージになっていないのでビジネスモデルとは言えず、事業化されて広がっていくこともありません。つまり、世の中に普及するべきものとしては位置づけられておらず、あくまでそれで得られる成果の大部分は、私たち自身の満足感です。

でも、「それでもかまわない」と言いたいのです。私たちの自分本位な行為はそれをやっている本人が満足している限りまちに表出し続けます。その行為を何に波及させるか、活用するか、ではなく、その行為が行われているまちの現場そのものが価値になります。そんな行為ができる環境と、それを実践する人がいること自体がすでにまちの値打ちなのです。

本人が続けていきたいと思える満足感が得られていて、さらにそれに触れた人がそれぞれ私的で自由な行為を連鎖していけば、個人プレーがまち中に広がり、いつの間にかまちの風景を変えていきます。まちを花で一杯にしようと思った時、予算を決めて会費を供出して花壇を整備し、順番で世話係を決めて運営する方法もありますが、自分の軒先に自分の好きな花を植えて愛でる、それを見た人が感化されて自分もやり始めて結果的にまち一杯に花が広がっていく、というやり方もあるのです。私的で自由な行為を倣うべき「モデル」ではなく、「ケース」として捉え、それぞれの個別解としてケースが積み重なっていくことによって達成されるPUBLIC HACKが、まちの魅力を高めていくのです。

PUBLIC HACKが描く新しい都市像

PUBLIC HACK自体は公共空間の事業化ほどの即時的な成果は期待できません。PUBLIC HACKを前提とした公共空間マネジメントを推進するのは、管理者にとっては、勇気のいるチャレンジでしょう。特段のパワーマネジメントをするわけでもないので、何に取り組んだかを説明するのは容易ではありません。また、成果がすぐに表れるわけでもありません。時間を経て現れた成果が、その取り組みによるものだと証明するのも簡単ではありません。

しかし、量から質に価値が転換され多様な個性が良しとされる現在、PUBLIC HACKを通じた「自分で何をしたいかを見出し実践することのできる生活文化の醸成」は、市民1人1人の自律性を高め、質の高い多様性のある社会を実現し、まちの持続性を高める一助になりうるのではないでしょうか。

公共空間を通じた地域の活性化を志す時、事業化に直ちに舵を切って、他の選択肢を放棄するのではなく、たくさんの市民による一時的な利用を積み重ねていくことによる活性化の可能性を検討してみてはどうでしょうか。市民に「～させる」という使役動詞型の取り組みに依存せず、市民が自ら「～する」という自動詞

気候の良い時期に、公園に茶室を仮設して野点を楽しむ

型の取り組みを通じたまちの魅力づくりに目を向ける必要があると言えます。

市民による一時的な利用は、何をするにも仮設であるので、事業化された施設空間を使うよりも得られる効用は小さいでしょう。ただ、人々は何も設備がない屋外の公共空間にそもそも施設と同じような効用を求めるでしょうか？　公共空間で自分のやりたいことを上手に工夫して実施することができれば、利用者の満足度は十分に高まります。

鳴海邦碩は著書『都市の自由空間』（学芸出版社）で、江戸時代には幕府の土地であってもが厳格に管理者を定めていたわけではなく、無主性を帯びていたと推察しています。そして、そのような場所において、個人による一時的で可塑的で自由な利用が繰り広げられるという空間利用の融通性が、まちの活性化にとって重要な条件ではないかと指摘しています。

PUBLIC HACKでは、「楽しむ」という価値は与えられるのではなく、自らその力を高めることによって獲得されます。それは、自分の人生をより自分のものにするための鍛錬だとも言えます。自分が楽しめる時間を増やすことで、生活そのものが楽しくなるように、小さなアクションであっても継続していくことで、結果的にまちの姿が変わっていくのです。

PUBLIC HACKを通じて、都市生活者は、都市というシステムに生かされる受動的消費者にとどまるのではなく、自ら能動的に都市を生きることができるようになります。そうした状況が多数集まり続いていくまちにこそ、私たちが望む都市像が体現されるのです。

おわりに

ある秋の日、私は部屋で窓の外の柔らかな気候を感じながら「こんなに天気の良い日に部屋で勉強しないといけないのは辛いなぁ」と資格試験の勉強をしていました。そしてふと、参考書を開いてマーカーで線を引いているこの作業は、部屋の中でなくても外でもできること気づきました。結果、参考書を読みながら地下鉄に乗り、大阪港の波止場まで行って難なく勉強を再開することができました。この時の「波止場で勉強している奴がいるのも悪くない、発想を切り替えて自分が動けばいいんだ」という感覚が、私が「PUBLIC HACK」を志すきっかけの一つです。

本書の執筆にあたっては、PUBLIC HACKの言及に合わせて「まちと人」との関係に着目し、二つの観点から「人」の大切さを問うことを試みました。

一つは、人の生活行為がまちを形成しているという点です。

まちをその表象として二つに分けると、「空間」と「そこにいる人」に分けることができますが、今のまちづくりの本流はまちの「空間」を扱うことから始まるものばかりです。「空間はどうあるべきか」「空間をどう変えるべきか、どう使うべきか」という話はよく話題になりますが、「そこにいる人」に目が向けられることはほとんどなく、あるとすれば空間のあり方に影響を与える因子として扱われることにとどまっています。そんな、「まちの空間」を対象に何かをすることだと位置づけられている今のまちづくりに対して、「そこにいる人」に対してまちづくりとして取り組めないか、自分なりに一石を投じることができないか、と考えました。まちの魅力は空間だけで完成されるのではなく、そこにいる人によっても高められるのです。

もう一つは、まちが、そこにただあるだけではなく、人に認識されて初めてまちとして成立するという点です。

そう考えると、「まちがどうあるべきか」に加えて、「私たちがまちとどう関わるのか」という、まちへのリテラシーを高め関係性をアップデートすることが、まちの価値を高める上で必要不可欠なプロセスのはずです。「ここにレストランがあればいいのに」「子どもたちが遊べるプレイランドをつくってほしい」と、行政や事業者に要求ばかりしていても、ある意味でまちを無駄遣いしていることにしかなりません。使いやすいまちであることも大切ですが、私たちが使う力を高めることも、まちを魅力的だと認識する上で同じように大切です。

本書の各所で取り上げた、「禁止事項の増加」「路上生活者避けの普及」「安易な消費行動の浸透」「周りと足並みを揃えた行動様式」「管理者の制止行為の常習化」といったまちの課題は、いずれも社会が効率化・合理化を追求した結果、陥ってしまっている「思考停止」が原因になっています。

私たちが子どもの頃は特段の意識もなく、何の違和感もなく、まちを私的に自由に使っていました。少々の「間違い」は自分たちで尻ぬぐいするか、その都度謝るなり反省するなりして、さらなる自由の糧としていました。それなのに、今の私たちは「清く正しく上手に生きる」ことが何より大切であるかのように錯覚しています。大人がこんなようでは、今の子ども世代の未来に自由はありません。

公共空間の行為・振る舞いに着眼したPUBLIC HACKは、これらの思考停止を克服する一つの足掛かりになるはずです。その点では、今回、「HACK」と銘打ちながら目指したかったことは、何か新しい領域を拡張することというよりも、私たちが無意識のうちに放棄してきた領域を取り戻すことだったのではないかと感じています。

都市間競争が激化するなか、自分のまちが生き残る術は、私たち1人1人がまちの当事者として身体的感覚を伴ってまちに関わり続けることに他なりません。そのためには、私たちとまちのスケールが一致していることが大切ですが、PUBLIC HACKはその手立てとして大いに役立つはずです。まちの本質は、その空間に人が集まり続けることです。私たちが「自分のやりたいことが、自分のまちで実現できる」と感じられることによって、そのまちは選ばれ、さらに私たちがそう実感できることがまちの個性となって外からも人を惹きつけます。自分のまちの持続可能性を高める上で、PUBLIC HACKは重要な役割を担うのです。

「公共空間を私的に自由に使う」ことが私たちの普段の生活行為におけるポジティブな選択肢の一つとなり、PUBLIC HACKが実践者・傍観者・管理者に共有される価値となることが、「システム化された便利な生活を志向する受動的消費者の立場のままでいい」という私たちの無自覚な固定観念を少しずつでも解きほぐしていくことにつながると信じています。私たちの子ども世代に備わるいきいきとした自由が、大人になっても萎縮することなくまちに満ち溢れている未来を願っています。

2019年9月

笹尾和宏

笹尾和宏
Kazuhiro Sasao

水辺のまち再生プロジェクト事務局。1981年大阪生まれ。大阪大学大学院工学研究科ビジネスエンジニアリング専攻、経済学研究科経営学専攻修了。ともに修士。2005年から水辺のまち再生プロジェクトに参画し、大阪市内の河岸空間や橋の上、河川水域を活用したイベントを数多く実施。近年は、水辺をはじめ路上や公園、公開空地などの公共空間に視野を広げ、「自由使用」の視点にたった生活目線の実践・提案を行う。2007年株式会社大林組に入社、不動産開発・コンサルティングに従事。2015~2018年に出向、エリアマネジメントに従事。現在は育児のため休職中（2019年時点）。2017年よりNPO法人とんがるちから研究所研究員。地域の担い手育成のための調査・研究、演習を行う。共著書に『あたらしい「路上」のつくり方-実践者に聞く屋外公共空間の活用ノウハウ』（DU BOOKS）。

本文イラスト | 市村譲：p.36, 42, 48, 56, 64, 70, 76, 84
atelier minori：p.22, 24, 91, 98, 100, 108, 114, 119, 146, 199

PUBLIC HACK

私的に自由にまちを使う

2019年 9月25日　初版第1刷発行
2020年12月20日　初版第2刷発行

著者　笹尾和宏
発行所　株式会社学芸出版社
京都市下京区木津屋橋通西洞院東入
電話 075-343-0811　〒600-8216
発行者　前田裕資
編集　宮本裕美
装丁　新井大輔
DTP　梁川智子（KST Production）
印刷・製本　モリモト印刷

ISBN978-4-7615-2719-8

プレイスメイキング　アクティビティ・ファーストの都市デザイン
園田聡 著　2200円＋税

街にくすぶる不自由な公共空間を、誰もが自由に使いこなせる居場所に変えるプレイスメイキング。活用ニーズの発掘、実効力のあるチームアップ、設計と運営のデザイン、試行の成果を定着させるしくみ等、10フェーズ×10メソッドのプロセスデザインを、公民連携／民間主導／住民自治、中心市街地／郊外と多彩な実践例で解説。

ストリートデザイン・マネジメント
公共空間を活用する制度・組織・プロセス
出口敦ほか 編著　2700円＋税

都市再生の最前線で公共空間の活用が加速している。歩行者天国、オープンカフェ、屋台、パークレット等、ストリートを使いこなす手法も多様化。歩行者にひらく空間デザイン、公民連携の組織運営、社会実験～本格実施のプロセス、制度のアップデート、エリアマネジメントの進化等、都市をイノベートする方法論を多数の事例から解説。

テンポラリーアーキテクチャー　仮設建築と社会実験
Open A＋公共R不動産 編　2300円＋税

都市再生の現場で「仮設建築」や「社会実験」が増えている。いきなり本格的な建築をつくれなければ、まず小さく早く安く実験しよう。本書は、ファーニチャー/モバイル/パラサイト/ポップアップ/シティとスケール別に都市のアップデート手法を探った、事例、制度、妄想アイデア集。都市をもっと軽やかに使いこなそう。

ルールメイキング
ナイトタイムエコノミーで実践した社会を変える方法論
齋藤貴弘 著　2200円＋税

風営法改正、ナイトタイムエコノミー政策を主導した弁護士が実践するルールメイキングの方法論。産業構造の多様化、技術の進化に追いつけない時代遅れの法規制をいかにアップデートするか。共感を呼ぶアジェンダ設定、多様なステークホルダーの連携、政治行政を動かすアプローチ、社会に実装するスキーム構築等の戦略・手法。

マーケットでまちを変える　人が集まる公共空間のつくり方
鈴木美央 著　2000円＋税

全国で増えるマルシェ、ファーマーズマーケット、朝市…。閑散とした道路や公園、商店街を、人々で賑わう場所に変えるマーケットは、中心市街地活性化、地産地消、公民連携など、街の機能をアップさせる。東京&ロンドンで100例を調査し、自らマーケットを主催する著者が解説する、マーケットから始める新しい街の使い方。